Joachim Bonsack

Les grandes étapes de la recherche médicale moderne

Aperçu d'un avenir meilleur

bup

Joachim Bonsack

Les grandes étapes de la recherche médicale moderne

Aperçu d'un avenir meilleur

Imprimé : ISBN 978-3-69035-201-7
eBook : ISBN : 978-3-69035-206-2

Numéro de commande : 1810 (livre de poche)
Disponible également en eBook

Bremen University Press, 2024.

Première édition Décembre 2024

Presse universitaire de Brême
Fahrenheitstr. 11
D-28359 Brême

bup@bremenuniversitypress.com
www.bremenuniversitypress.com

Joachim Bonsack

Les grandes étapes de la recherche médicale moderne

Aperçu d'un avenir meilleur

Aperçu

1. RECHERCHE SUR LE GENOME — 23

2. L'INTELLIGENCE ARTIFICIELLE — 46

3. IMMUNOTHERAPIE — 64

4. COMPARAISON ET SYNTHESE DES PROGRES — 76

6. IMPLICATIONS SOCIALES — 81

7. PERSPECTIVE — 84

8. CONCLUSION — 88

10E INDICE — 90

Table des matières

Introduction 9

Pertinence de la recherche médicale **11**

Gestion des maladies infectieuses 14

Lutte contre les maladies transmissibles 14

Prévention et gestion des pandémies 15

Transfert de technologie 15

Résilience des systèmes de santé 16

Promotion de la stabilité sociale 16

L'innovation, moteur du progrès 17

Renforcer la coopération internationale 17

De nouvelles approches pour le diagnostic et le traitement **17**

Une charge de morbidité croissante 18

Limites des diagnostics existants 18

Les défis de la thérapie 19

La menace de la résistance 19

Coût et accès au traitement 20

Progrès technologique et scientifique 20

Implications pour la pratique clinique et la société 20

1. RECHERCHE SUR LE GENOME **23**

Les bases de la génomique et leur importance **23**

Le projet génome humain **25**

Technologies d'édition génétique **27**

Séquençage à haut débit (Next-Generation Sequencing). **30**

Applications cliniques **33**

Diagnostic et thérapie des maladies génétiques **36**

Développement de la médecine personnalisée **39**

Modifications génétiques **42**

2. L'INTELLIGENCE ARTIFICIELLE   46

Introduction à l'IA en médecine   46

Pertinence de l'IA dans le secteur de la santé   47

Applications actuelles   49

IA dans l'imagerie médicale   52

KI-Planification de la thérapie assistée par ordinateur   54

Amélioration du diagnostic et augmentation de l'efficacité   56

Biais et interprétabilité des modèles d'IA-Modèles d'intelligence artificielle58

Responsabilité   61

3. IMMUNOTHERAPIE   64

Bases scientifiques   64

Fonctionnement de l'immunothérapie   66

Applications en oncologie   67

Utilisation en cas de maladies auto-immunes   71

Traitement des infections chroniques   73

4. COMPARAISON ET SYNTHESE DES PROGRES   76

Points communs   76

Différences   76

Évaluation de la pertinence   77

Fabrication, logistique et évolutivité   77

Aspects éthiques   79

6. IMPLICATIONS SOCIALES   81

Impact social des nouvelles thérapies   81

Accessibilité et l'équité   81

Protection des données et vie privée   82

Responsabilité et régulation   83

7. PERSPECTIVE   84

Synergies entre la génomique, IA et immunothérapie 84

Lacunes dans la recherche 85

Identification d'autres champs d'application 85

Implications pour la pratique médicale 86

Les changements à long terme dans le secteur de la santé grâce aux nouvelles technologies 87

8. CONCLUSION 88

10E INDICE 90

Introduction

Ces dernières années, la médecine a réalisé des progrès tout à fait considérables qui n'ont pas seulement révolutionné les possibilités de traitement de certaines maladies, mais qui ont également modifié notre compréhension globale de la santé et de la maladie. À première vue, ces résultats n'ont pas grand-chose à voir les uns avec les autres, mais en réalité, il existe plusieurs lignes rouges qui mettent en évidence une relation aussi bénéfique que passionnante qui, en fin de compte, ne fait pas que mettre en évidence les grandes réalisations de ces dernières années, mais indique également la direction à suivre pour les autres progrès auxquels il faut s'attendre dans un avenir proche.

Ce livre est consacré à la présentation de ces développements révolutionnaires qui influencent nos vies de manière fondamentale tout en ouvrant la voie à d'autres innovations. Il s'agit d'un voyage à travers les chapitres les plus passionnants de la recherche médicale moderne, qui montre à quel point la science, la technologie et les besoins des gens sont étroitement imbriqués.

Du décryptage du génome humain à l'immunothérapie en passant par l'utilisation de l'intelligence artificielle, ces avancées ne sont pas isolées les unes des autres. - les progrès dont il est question dans ce livre ne sont pas isolés les uns des autres. Au contraire, ils s'imbriquent les uns dans les autres, se complètent et renforcent mutuellement leur efficacité. Ainsi, la recherche génomique permet non seulement de mieux comprendre les causes génétiques des maladies, mais aussi de jeter les bases de thérapies personnalisées, qui peuvent être développées grâce à l'intelligence artificielle. peuvent être développées de manière plus précise et plus efficace. Parallèlement, l'immunothérapie, qui a fait ses preuves dans le domaine de l'oncologie connaît déjà un succès considérable, a le potentiel d'être améliorée par la génétique et l'IA.-La recherche assistée par ordinateur peut encore être améliorée. Ces avancées illustrent une nouvelle ère de la médecine intégrative, dans laquelle les disciplines collaborent entre elles pour résoudre des problèmes de santé complexes.

Mais l'importance de ces développements va bien au-delà de la technique. Elles influencent la vie des gens à un niveau profondément personnel. Des maladies qui semblaient autrefois incurables deviennent aujourd'hui gérables, voire curables. Les patients bénéficient de traitements qui ne misent plus sur une "taille unique", mais qui sont adaptés individuellement à leurs spécificités génétiques et médicales. Parallèlement, ces progrès modifient la manière dont nous organisons les soins médicaux et abordons les problèmes de santé dans le monde entier. De la prévention à la thérapie, nous disposons de plus en plus d'outils qui peuvent être utilisés non seulement plus efficacement, mais aussi de manière plus équitable.

Ce livre présente les principales avancées de la médecine moderne dans un contexte cohérent et holistique. Il montre comment ces progrès améliorent notre qualité de vie et surmontent les barrières existantes en matière de soins de santé. Parallèlement, il met en lumière la manière dont ces réalisations soulèvent de nouvelles questions et de nouveaux défis - que ce soit dans les domaines de l'éthique, de l'accessibilité ou de la santé.de l'accessibilité ou de la durabilité.

En considérant les progrès non pas de manière isolée, mais comme un système interconnecté, ce livre veut contribuer à comprendre le potentiel de la médecine moderne et à ouvrir le regard sur les possibilités futures. Il s'adresse aux lecteurs qui souhaitent connaître non seulement les détails fascinants des innovations médicales, mais aussi les grandes interactions qui animent ces progrès et en font un moteur de changements positifs dans le monde. Car une chose est claire : la médecine ne s'arrête pas - elle évolue constamment, et avec elle l'espoir d'un avenir plus sain et plus juste pour nous tous.

Pertinence de la recherche médicale

La recherche médicale joue un rôle central dans la résolution des problèmes de santé mondiaux, qui sont amplifiés par des facteurs démographiques, sociaux, environnementaux et économiques. Compte tenu de l'augmentation de la population mondiale, de la fréquence croissante des maladies chroniques et non transmissibles et de la menace que représentent les maladies infectieuses émergentes, il est plus que jamais nécessaire d'améliorer les soins médicaux. l'importance des progrès scientifiques en médecine est plus grande que jamais. La pertinence de la recherche médicale peut être envisagée à plusieurs niveaux : Prévention, le diagnostic, le développement de thérapies, la politique de santé et stabilité sociale.

Au cours des 80 dernières années, la médecine a réalisé des progrès extraordinaires qui ont révolutionné notre compréhension de la santé et de la maladie et ont considérablement amélioré la qualité et l'espérance de vie dans le monde entier. Ces développements ont été le fruit d'une combinaison de curiosité scientifique, de progrès technologiques et de collaboration interdisciplinaire, qui ont sans cesse ouvert de nouvelles perspectives en matière de prévention.de diagnostic et de la thérapie.

Les années 1940 ont été marquées par l'une des percées les plus importantes de l'histoire de la médecine : la découverte et l'utilisation à grande échelle des antibiotiques. comme la pénicilline. Ce développement révolutionnaire a permis de sauver des millions de vies en traitant efficacement des infections bactériennes qui étaient auparavant souvent mortelles. Les antibiotiques sont rapidement devenus un outil central de la médecine moderne et ont permis des interventions médicales plus complexes, telles que les opérations, les transplantations et les chimiothérapies.Ces dernières sont devenues impensables sans le contrôle des infections.

Dans les années 1950 et 1960, les programmes de vaccination ont révolutionné la santé publique. L'introduction de vaccins contre des maladies telles que la polio, la rougeole et la variole a permis de réduire considérablement la charge mondiale de morbidité. L'éradication de la variole dans les années 1980, en particulier, est considérée comme l'un des plus grands succès de la médecine préventive et une preuve de l'efficacité des initiatives de santé publique coordonnées au niveau mondial.

Parallèlement, les années 1960 et 1970 ont été marquées par des innovations technologiques qui ont changé le diagnostic et le traitement. ont fondamentalement modifié le traitement. Le développement de techniques d'imagerie telles que la tomodensitométrie (TDM) et l'imagerie par résonance magnétique (IRM) a donné aux médecins la possibilité de voir en profondeur le corps humain sans devoir procéder à des interventions invasives. Parallèlement, les progrès de la pharmacologie ont permis de mettre au point des médicaments efficaces pour le traitement de maladies chroniques telles que les maladies cardiovasculaires, l'hypertension et l'hypercholestérolémie.l'hypertension et le diabète.

Les années 1980 et 1990 ont été marquées par d'autres étapes importantes, notamment dans le domaine de la biologie moléculaire et du génie génétique. et le génie génétique. La découverte de l'ADN-et le décryptage progressif des mécanismes génétiques ont jeté les bases de la recherche génomique moderne.. Ces développements ont culminé avec le projet génome humainqui s'est achevé avec succès en 2003 et qui a permis pour la première fois de dresser une carte complète du patrimoine génétique humain. Les connaissances qui en ont résulté ont ouvert la voie à la médecine personnaliséeCette dernière utilise les profils génétiques individuels pour développer des thérapies sur mesure.

Au cours des deux dernières décennies, la médecine a connu une intégration encore plus forte de la technologie et de la science. Les progrès de l'immunothérapie ont notamment permis de traiter le cancer révolutionné le système immunitaire en l'entraînant de manière ciblée à reconnaître et à combattre les cellules tumorales. Parallèlement, de nouvelles technologies telles que CRISPR-Cas9 ont permis l'édition du génome ont rendu les maladies génétiques plus précises et plus accessibles, ce qui pourrait permettre de les guérir à l'avenir.

Un autre domaine clé des progrès modernes est l'utilisation de l'intelligence artificielle (IA).). Les algorithmes d'IA permettent non seulement d'établir des diagnostics plus rapides et plus précis en analysant de grandes quantités de données, mais aussi de développer de nouveaux médicaments et d'optimiser les processus cliniques. Associée à la numérisation des soins de santé et au développement de la télémédecine, l'IA a le potentiel de rendre les soins de santé plus accessibles et plus efficaces.

Ces évolutions marquent le passage de la médecine classique, qui se concentrait sur la lutte contre des maladies individuelles, à une médecine intégrative et précise, qui place l'être humain au centre des préoccupations. Les progrès réalisés au cours des dernières décennies ont non seulement permis de mieux traiter les maladies aiguës et chroniques, mais ont également jeté les bases permettant de relever les défis futurs tels que les pandémies, la résistance croissante aux antibiotiques et les changements démographiques.

Dans cette ère moderne où la science et la technologie s'entremêlent de manière transparente, la médecine est confrontée à la tâche de combiner les acquis du passé avec les possibilités du futur. Cette transition vers le présent et l'avenir de la médecine montre que nous devons non seulement nous appuyer sur les succès passés, mais aussi travailler activement à rendre les soins de santé plus équitables, plus durables et plus innovants à l'échelle mondiale. Ce livre est consacré à l'examen détaillé des dernières avancées révolutionnaires qui façonneront la médecine d'aujourd'hui et de demain.

Gestion des maladies infectieuses

Maladies infectieuses continuent de représenter un défi mondial considérable. De nouveaux agents pathogènes comme le SRAS-CoV-2 (COVID-19), mais aussi des infections bien connues comme le paludisme, la tuberculose ou le VIHnécessitent des efforts de recherche continus. La recherche médicale permet de développer de nouveaux vaccins, des médicaments antiviraux et de meilleures méthodes de diagnostic. Par exemple, le développement rapide de vaccins à ARNm contre le COVID-19 a été possible grâce à des décennies de recherche fondamentale. Ces technologies n'offrent pas seulement des solutions à court terme, mais jettent également les bases de futurs vaccins contre d'autres infections.

Lutte contre les maladies transmissibles

Les maladies non transmissibles comme le diabète, les maladies cardio-vasculaires, le cancer et les maladies neurodégénératives sont en augmentation dans le monde entier et représentent une charge énorme pour les systèmes de santé, en particulier dans les sociétés vieillissantes. La recherche médicale offre des solutions en développant des approches thérapeutiques innovantes, telles que la médecine personnalisée, qui se base sur des données génétiques et moléculaires. Les progrès en matière de prévention, comme l'amélioration du dépistage-Les programmes de prévention et les programmes de prédiction des risques contribuent à réduire la charge de morbidité et à améliorer la qualité de vie.

Prévention et gestion des pandémies

La mobilité mondiale et le changement climatique augmentent le risque de pandémie, car les nouveaux agents pathogènes se propagent plus rapidement et les maladies existantes sont favorisées par les changements environnementaux. La recherche dans le domaine de l'épidémiologie, de la virologie et de santé publique est essentielle pour mettre en place des systèmes d'alerte précoces et développer des mesures fondées sur des preuves pour endiguer les pandémies. Les collaborations internationales telles que le réseau "Global Health Security Agenda", soutenu par la recherche afin de rendre les systèmes de santé plus résistants dans le monde entier, en sont des exemples.

Transfert de technologie

Une grande partie de la population mondiale n'a qu'un accès limité aux soins médicaux modernes. La recherche contribue à développer des technologies rentables qui peuvent également être utilisées dans des régions aux ressources limitées. Les appareils de diagnostic portables, qui permettent d'établir des diagnostics rapides et précis dans les régions reculées, en sont un exemple. En outre, la recherche crée la base d'initiatives mondiales telles que le programme "Access to Medicine", qui améliore l'accès aux médicaments vitaux.

Résilience des systèmes de santé

La pression exercée sur les systèmes de santé par le vieillissement des sociétés, les catastrophes environnementales et l'instabilité économique nécessite des approches durables et résilientes. La recherche médicale fournit des modèles et des stratégies pour améliorer l'efficacité et la durabilité des systèmes de santé. d'améliorer les systèmes de soins. La télémédecine et les solutions de santé numériques, poussées par les innovations technologiques, jouent un rôle de plus en plus important dans la garantie d'une couverture sanitaire universelle.

Promotion de la stabilité sociale

La santé est un pilier central de la stabilité sociale. Les épidémies et les vagues de maladies chroniques peuvent exacerber les tensions sociales, épuiser les ressources économiques et favoriser l'instabilité politique. La recherche médicale contribue à minimiser de tels risques, non seulement en traitant les maladies, mais aussi en proposant des solutions à long terme pour améliorer la santé des communautés. Ainsi, dans de nombreuses régions, l'élimination de maladies comme la polio a contribué à favoriser le développement socio-économique.

L'innovation, moteur du progrès

La recherche médicale est un moteur d'innovation qui va bien au-delà de la médecine. Des technologies telles que l'intelligence artificielle, la génomique et la biotechnologie n'ont pas seulement révolutionné la pratique médicale, mais ont également influencé d'autres domaines tels que l'agronomie, les technologies environnementales et l'informatique. Ces synergies contribuent à l'élaboration de solutions plus complètes aux défis mondiaux.

Renforcer la coopération internationale

Les problèmes de santé ne connaissent pas de frontières et la recherche médicale est un élément clé pour promouvoir la coopération internationale. Des initiatives telles que l'"Organisation mondiale de la santé" (OMS) ou la coopération dans le cadre de programmes de vaccination mondiaux reposent sur des connaissances scientifiques et des résultats de recherche. Ces efforts conjoints renforcent le système de santé mondial et favorisent le transfert de connaissances entre les pays.

De nouvelles approches pour le diagnostic et le traitement

Le développement de nouvelles approches pour le diagnostic et le traitement des maladies graves est essentiel, car les méthodes médicales existantes atteignent souvent leurs limites. L'urgence découle de la prévalence croissante des maladies, de l'impact social et économique des problèmes de santé et de la nécessité de créer des options de traitement personnalisées et efficaces.

Une charge de morbidité croissante

La charge mondiale des maladies graves telles que le cancer, les maladies cardio-vasculaires, les maladies neurodégénératives et les troubles génétiques rares ne cessent d'augmenter. Ces maladies ne sont pas seulement des causes majeures de décès, elles affectent aussi considérablement la qualité de vie des personnes concernées. Le vieillissement de la population contribue également à cette évolution, car le risque de contracter de nombreuses maladies chroniques augmente avec l'âge. Parallèlement, les maladies infectieuses émergentes ou mutantes représentent telles que le SRAS-CoV-2 représentent une menace aiguë qui nécessite des solutions rapides et innovantes.

Limites des diagnostics existants

Malgré d'énormes progrès dans le domaine du diagnostic des défis considérables subsistent. De nombreuses maladies ne sont détectées qu'à des stades avancés, où les possibilités de traitement sont limitées. Citons par exemple des cancers tels que le cancer du pancréas, qui sont souvent asymptomatiques et ne sont donc diagnostiqués que tardivement. Il existe un besoin urgent de méthodes de diagnostic plus sensibles et plus spécifiques, qui permettent une détection précoce et augmentent ainsi les chances de succès du traitement. Parallèlement, la complexité croissante des maladies modernes nécessite le développement de technologies innovantes telles que les biopsies liquides, l'imagerie moléculaire et les outils de diagnostic basés sur l'IA.-d'outils de diagnostic basés sur l'intelligence artificielle.

Les défis de la thérapie

Le développement de thérapies efficaces est rendu difficile par l'hétérogénéité de nombreuses maladies. Le cancer, par exemple, n'est pas une seule maladie, mais un groupe de plus de 100 maladies différentes, chacune ayant des caractéristiques génétiques et moléculaires différentes. Les thérapies standardisées ne suffisent souvent pas à couvrir cette diversité, ce qui rend nécessaire le développement d'approches personnalisées. De plus, les thérapies pour des maladies telles que la maladie d'Alzheimer, la maladie de Parkinson ou les infections résistantes aux antibiotiques atteignent leurs limites, car les mécanismes sous-jacents ne sont pas encore entièrement compris ou les options de traitement efficaces font défaut.

La menace de la résistance

La résistance croissante aux des agents pathogènes aux médicaments existants, notamment aux antibiotiques, constitue un défi majeur.La résistance aux antibiotiques constitue l'un des plus grands défis mondiaux. Les bactéries multirésistantes peuvent être mortelles, même dans le cas d'infections simples, et le développement de nouveaux antibiotiques ne progresse que lentement. De même, la résistance aux antiviraux et aux médicaments anticancéreux réduit considérablement l'efficacité des thérapies existantes. De nouvelles substances actives et des approches thérapeutiques alternatives, comme l'utilisation de phages ou d'immunothérapies, sont nécessaires de toute urgence pour contrer cette évolution.

Coût et accès au traitement

De nombreux traitements actuellement disponibles, en particulier pour les maladies graves, sont extrêmement coûteux et inaccessibles à une grande partie de la population. Cela ne concerne pas seulement les pays à revenu faible ou intermédiaire, mais aussi les pays développés, où les patients souffrent souvent d'une charge financière pour accéder à des traitements qui sauvent des vies. Le développement d'approches thérapeutiques rentables et évolutives est donc un défi majeur pour garantir que les progrès médicaux profitent à tous.

Progrès technologique et scientifique

Alors que les progrès de la recherche génomique, L'IA et la biotechnologie offrent des possibilités prometteuses, nous en sommes encore au début de l'utilisation de ces technologies à grande échelle. L'urgence de développer de nouvelles approches réside également dans le fait de faire évoluer ces technologies de manière à accélérer le passage de la recherche fondamentale à la pratique clinique. Cela nécessite non seulement des innovations scientifiques, mais aussi des investissements, des adaptations réglementaires et une collaboration interdisciplinaire.

Implications pour la pratique clinique et la société

Les progrès de la médecine ont un impact considérable sur la pratique clinique et la société. Ils ne modifient pas seulement la manière dont les maladies sont diagnostiquées et traitées, mais influencent également les structures et processus fondamentaux du système de santé. Dans la pratique clinique, les nouvelles technologies telles que l'intelligence artificielle permettent et les approches génomiques permettent des diagnostics plus précis et des thérapies personnalisées. Grâce aux tests génétiques, les médecins peuvent mieux évaluer les risques individuels de maladie et développer des plans de traitement sur mesure qui sont plus efficaces et moins agressifs pour les patients. Les progrès de l'immunothérapie et l'imagerie moléculaire ouvrent de nouvelles voies pour traiter de manière plus ciblée les maladies même complexes ou avancées.

Toutefois, ces innovations n'ont pas seulement un impact sur la médecine, mais aussi sur la société. Elles contribuent à améliorer la qualité de vie en permettant de mieux contrôler ou de guérir des maladies qui étaient auparavant incurables ou difficiles à traiter. Mais en même temps, elles soulèvent des questions d'équité et d'accessibilité soulèvent des questions de santé publique. Les thérapies de pointe sont souvent coûteuses et ne sont pas accessibles à tous les patients de manière égale. Cela représente un défi pour le système de santé mondial, car les inégalités existantes pourraient être renforcées si l'accès aux traitements modernes n'est pas élargi.

Les questions éthiques et sociales gagnent également en importance. Des progrès comme le génome Editing par CRISPR-Cas9 ou l'utilisation de l'IA en médecine soulèvent des débats sur la manière dont ces technologies peuvent être utilisées de manière responsable. Le stockage et le traitement de données médicales sensibles, ainsi que la possibilité de modifier des caractéristiques génétiques, touchent à des questions fondamentales d'éthique. et de la protection des données. Ces développements nécessitent une étroite collaboration entre la science, la politique et la société afin de garantir une utilisation équitable et sûre de ces technologies.

Les implications économiques sont également considérables. Alors que les nouveaux médicaments et thérapies impliquent souvent des coûts de développement élevés, ils pourraient à long terme réduire les coûts des soins de santé en permettant des traitements plus précis et plus efficaces. Parallèlement, de nouvelles industries et de nouveaux emplois sont créés dans le domaine de la biotechnologie et de technologies médicales. Ces progrès créent donc des impulsions non seulement médicales, mais aussi économiques et technologiques, qui marquent la société dans son ensemble.

1. recherche sur le génome

La recherche sur le génome a fondamentalement modifié notre compréhension de la santé et de la maladie. Depuis le décryptage réussi du génome humain en 2003, les percées scientifiques telles que le séquençage à haut débit et les technologies d'édition génétique comme CRISPR-Cas9 ont ouvert de nouvelles possibilités d'étudier les causes génétiques des maladies et de les influencer de manière ciblée. Ces progrès permettent non seulement d'identifier avec précision les facteurs de risque génétiques, mais aussi de développer des thérapies personnalisées adaptées aux profils génétiques individuels des patients. La recherche génomique a le potentiel de transformer la médecine d'une discipline réactive en une discipline préventive et de révolutionner le traitement de nombreuses maladies, des troubles génétiques rares au cancer..

Les bases de la génomique et leur importance

La génomique est l'étude de l'ensemble de l'information génétique d'un organisme, stockée dans le génome. Elle comprend l'analyse des séquences d'ADN-séquences, leur structure, leur fonction et leurs interactions. Au cœur de la génomique se trouve l'objectif de développer une compréhension approfondie des bases génétiques des processus biologiques et de décrypter leur influence sur la santé et la maladie. Le décryptage du génome humain en 2003 a été une étape importante qui a ouvert la porte à une nouvelle ère de la médecine, dans laquelle les informations génétiques jouent un rôle clé.

L'importance de la génomique en médecine se manifeste avant tout par sa capacité à comprendre les maladies au niveau moléculaire. De nombreuses maladies, en particulier les maladies génétiques et multifactorielles comme le cancer, le diabète et les maladies cardio-vasculairesont des causes génétiques ou des facteurs de risque qui peuvent être identifiés par des analyses génomiques. Cela permet non seulement d'établir un diagnostic plus précismais aussi le développement de thérapies sur mesure, dites personnalisées. De tels traitements tiennent compte des caractéristiques génétiques individuelles d'un patient et augmentent ainsi la probabilité de succès de la thérapie tout en minimisant les effets secondaires.

En outre, la génomique a a révolutionné la médecine préventive. Grâce aux tests génétiques, les facteurs de risque de certaines maladies peuvent être détectés à un stade précoce, avant même l'apparition des symptômes. Cela permet de prendre des mesures préventives qui peuvent retarder ou empêcher le développement de maladies. En pharmacogénomique également une branche de la génomique, montre son utilité : On y étudie comment les variations génétiques influencent la réaction d'un individu aux médicaments. Il en résulte des stratégies de traitement optimisées, adaptées à chaque patient.

Un autre domaine d'application important est l'oncologie.où la génomique joue un rôle central dans l'identification des marqueurs tumoraux et le développement de thérapies ciblées. L'analyse des modifications génétiques dans les cellules tumorales permet d'utiliser des médicaments spécifiques qui s'attaquent précisément à ces modifications. Cela a permis d'améliorer le traitement du cancer révolutionné et amélioré considérablement les taux de survie pour de nombreux types de tumeurs.

La génomique a également le potentiel de mieux diagnostiquer et traiter les maladies génétiques rares. Dans le passé, nombre de ces maladies n'étaient pas détectées, car leurs causes génétiques étaient inconnues. Aujourd'hui, la recherche génomique permet une identification précise et le développement d'approches thérapeutiques spécifiques, comme les thérapies géniquesqui ciblent directement la mutation génétique sous-jacente. ciblent la mutation.

Le projet génome humain

Le projet Génome humain (Human Genome Project (HGP) a été l'un des projets scientifiques les plus importants du 20e siècle et a marqué une étape importante dans le domaine de la biologie et de la médecine. Ce projet de recherche international, qui s'est déroulé de 1990 à 2003, avait pour objectif de décrypter la séquence complète du génome humain et d'identifier les quelque 20 000 à 25 000 gènes humains. Il s'agissait du premier projet à cartographier et à analyser systématiquement le code génétique de l'homme, fournissant ainsi une base fondamentale à la recherche génomique moderne et la médecine personnalisée a créé la base de la génétique humaine.

L'un des principaux succès du projet Génome humain a été la création d'une séquence de référence complète du génome humain. Cette référence sert encore aujourd'hui de base aux études génétiques et a révolutionné notre compréhension des maladies causées par des mutations génétiques. Avant le projet, on ne savait que peu de choses sur la structure et l'organisation du patrimoine génétique humain. Le projet Génome humain a montré que le corps humain est constitué d'un nombre étonnamment faible de gènes - bien moins qu'on ne le pensait à l'origine - et que les interactions complexes entre les gènes et les facteurs environnementaux jouent un rôle crucial dans le développement des maladies.

Une autre avancée a été le développement de nouvelles technologies et méthodes, qui ont progressé au cours du projet. Les technologies de séquençage à haut débit, les outils bioinformatiques et les bases de données spécialement conçues pour l'analyse et le stockage des informations génétiques ont révolutionné la recherche. Ces innovations ont non seulement permis d'améliorer la génomique ont fait progresser la génomique, mais ont également permis des applications dans d'autres disciplines biologiques et médicales.

Le projet génome humain a également eu un impact profond sur la médecine. Il a jeté les bases du développement de la médecine personnalisée, dans laquelle les informations génétiques sont utilisées pour établir des diagnostics plus précis et adapter les thérapies à chaque individu. Dans le domaine de l'oncologie en particulier les connaissances acquises dans le cadre du projet ont jeté les bases de l'identification de mutations génétiques spécifiques jouant un rôle dans différents types de cancer. Cela a permis de développer des thérapies ciblées qui sauvent aujourd'hui de nombreuses vies.

En outre, le projet a accéléré la recherche sur les maladies génétiques. Il a permis d'identifier des milliers de variantes génétiques associées à des maladies spécifiques et a ouvert la possibilité de développer des tests génétiques pour prédire et prévenir ces maladies. de développer ces maladies. Cela a été particulièrement important pour les troubles génétiques rares, qui étaient souvent difficiles à diagnostiquer.

Le projet génome humain n'a cependant pas seulement été un jalon scientifique, mais aussi un jalon social. Il a suscité des débats dans le monde entier sur les aspects éthiques, juridiques et sociaux de la recherche génomique. ont été lancés. Des thèmes tels que la protection des données des informations génétiques, la possibilité de discrimination sur la base des caractéristiques génétiques et les limites des interventions génétiques ont fait l'objet de débats intenses et restent pertinents aujourd'hui.

Technologies d'édition génétique

CRISPR-Cas9 est l'une des découvertes scientifiques les plus importantes de ces dernières décennies et a révolutionné l'édition de gènes. Dérivé à l'origine du système immunitaire des bactéries, dans lequel il sert à se protéger des virus, ce système a été adapté par les scientifiques pour la manipulation ciblée du patrimoine génétique des cellules. Il permet des interventions précises dans l'ADNen ciblant, en coupant et en modifiant des endroits précis du génome. La technologie se compose de deux éléments principaux : la protéine Cas9, qui agit comme des "ciseaux" pour couper l'ADN, et un ARN guide (ARNg), qui dirige la protéine Cas9 vers une séquence d'ADN spécifique. Après la coupe, la cellule active ses mécanismes de réparation naturels, qui peuvent conduire soit à l'inactivation d'un gène, soit à une modification ciblée. Cette méthode simple, rentable et très précise a permis de nombreuses applications dans la recherche, la médecine et l'agriculture.

Dans le domaine de la recherche médicale, CRISPR-Cas9 a créé des possibilités révolutionnaires pour traiter les maladies génétiques. Il permet aux scientifiques de corriger directement les mutations à l'origine des maladies. Les premières études cliniques montrent des résultats prometteurs dans le traitement de maladies telles que la drépanocytose. et la bêta-thalassémie, pour lesquelles des gènes défectueux peuvent être remplacés par des versions fonctionnant correctement.

CRISPR-Cas9 ouvre également un espoir de guérison pour des maladies héréditaires telles que la dystrophie musculaire ou certaines formes de cécité, en réparant de manière ciblée les défauts génétiques sous-jacents. Dans le traitement du cancer la technologie est utilisée pour modifier génétiquement les cellules immunitaires afin qu'elles puissent attaquer plus efficacement les cellules tumorales. Ces développements marquent le début d'une ère dans laquelle les maladies peuvent être traitées au niveau moléculaire en intervenant directement sur les causes génétiques.

En outre, CRISPR-Cas9 a permis de révolutionner la recherche fondamentale. a révolutionné la recherche fondamentale. Il permet aux scientifiques d'inactiver ou de modifier des gènes avec précision afin d'étudier leur fonction. Cela a permis d'approfondir la compréhension des processus biologiques fondamentaux et d'élucider de nombreux mécanismes de maladies qui étaient jusqu'alors peu compris. La technologie est également utilisée pour créer des modèles génétiques de maladies telles que la maladie d'Alzheimer, le diabète ou le cancer qui servent de base au développement de nouvelles thérapies.

Dans l'agriculture aussi, CRISPR-Cas9 a permis de faire des progrès considérables. a permis d'énormes progrès. Les plantes utiles peuvent être modifiées de manière ciblée afin de les rendre plus résistantes aux maladies, aux parasites ou aux influences environnementales. Il est ainsi possible de développer des variétés plus productives et plus robustes, qui contribuent à garantir l'approvisionnement alimentaire mondial. De même, la technologie est utilisée pour élever des animaux aux caractéristiques améliorées, comme des porcs résistants à certains virus ou des vaches capables de prospérer dans des conditions climatiques extrêmes.

Malgré la polyvalence et le potentiel de CRISPR-Cas9 il existe des défis techniques, éthiques et réglementaires. L'un des problèmes est celui des effets dits "hors cible", dans lesquels la technologie coupe aussi involontairement d'autres endroits du génome. De telles erreurs pourraient avoir de graves conséquences, notamment dans le cadre d'applications cliniques. Les effets à long terme des interventions génétiques, notamment sur les cellules de la lignée germinale qui sont transmises aux générations suivantes, sont encore largement inexplorés. Cela soulève également des questions éthiques, comme la possibilité de modifier génétiquement des embryons humains afin de créer des caractéristiques spécifiques - un scénario souvent appelé "bébés concepteurs". De telles interventions pourraient renforcer les inégalités sociales ou permettre des abus si la technologie n'est pas strictement réglementée.

Un autre thème est l'accès aux technologies CRISPR-Cas9-Les technologies de ce type sont très rares. Bien que la méthode elle-même soit relativement peu coûteuse, le développement et l'application des thérapies génétiques sont onéreux, ce qui risque de faire bénéficier uniquement les sociétés ou les individus aisés des progrès réalisés. La communauté scientifique internationale est confrontée au défi de développer des normes et des directives qui garantissent à la fois la sécurité des applications et abordent les questions éthiques.

Malgré ces défis, CRISPR-Cas9 reste une technologie prometteuse. est une technologie transformatrice qui a le potentiel de s'attaquer à certains des problèmes les plus urgents de l'humanité. De la guérison des maladies génétiques à l'amélioration de la production alimentaire mondiale en passant par l'élucidation de questions biologiques fondamentales, les possibilités semblent presque illimitées. La recherche continue permettra non seulement d'améliorer la précision et la sécurité de la méthode, mais aussi d'ouvrir de nouveaux champs d'application. Avec une utilisation responsable et le développement de cadres éthiques et réglementaires appropriés, CRISPR-Cas9 pourrait devenir l'une des technologies les plus influentes du 21e siècle et changer radicalement la manière dont nous traitons les maladies et façonnons notre environnement.

Séquençage à haut débit (Next-Generation Sequencing).

Le séquençage à haut débitégalement connu sous le nom de Next-Generation Sequencing (NGS)), a révolutionné la manière dont les informations génétiques sont décodées et analysées. Cette technologie permet d'analyser de grandes quantités d'ADN- ou des séquences d'ARN de manière rapide, précise et rentable. Comparé aux méthodes de séquençage traditionnelles, comme le séquençage Sanger, le NGS est plusieurs fois plus rapide et plus flexible, ce qui permet d'analyser des génomes complets.des exomes ou des transcriptomes de séquencer en quelques jours. L'introduction du NGS au début des années 2000 a marqué une étape importante qui a permis à la recherche génomique moderne de se développer., le diagnostic et la médecine personnalisée a eu un impact considérable.

NGS repose sur des procédures de séquençage parallèles, au cours desquelles des millions de fragments d'ADN-fragments sont séquencés simultanément. La technologie comprend plusieurs étapes : Tout d'abord, l'ADN est découpé en petits fragments qui sont ensuite dotés d'adaptateurs spécifiques et amplifiés. Vient ensuite le séquençage, au cours duquel chaque élément constitutif de l'ADN (adénine, guanine, cytosine et la thymine) est lu l'un après l'autre, souvent par des méthodes basées sur la fluorescence. Des systèmes bioinformatiques sophistiqués analysent et reconstruisent les données afin de décrypter la séquence complète.

L'un des plus grands progrès du NGS est la réduction drastique des coûts et du temps nécessaires au séquençage du génome. Alors que le séquençage d'un génome humain dans le cadre du projet Génome humain a coûté plus d'une décennie et environ 3 milliards de dollars US, il est aujourd'hui possible de séquencer des génomes entiers peuvent être séquencés en quelques jours pour moins de 1000 dollars US. Cette évolution a permis à la recherche génomique a rendu accessible une multitude d'applications.

Dans le domaine du diagnostic médical le NGS a permis a permis des progrès importants. Il est aujourd'hui utilisé en routine pour analyser les génomes des cancers afin d'identifier les mutations qui répondent spécifiquement à certaines thérapies. Il joue également un rôle central dans le diagnostic de maladies génétiques rares, pour lesquelles le NGS permet de détecter des mutations qui ont souvent été ignorées par les méthodes traditionnelles. En outre, le NGS a révolutionné la découverte et la caractérisation des micro-organismes, ce qui facilite l'identification de nouveaux agents pathogènes et la surveillance des épidémies, comme cela a été démontré lors de la pandémie COVID-19-a été démontrée de manière impressionnante.

L'application du NGS dans la recherche a considérablement élargi notre compréhension des processus biologiques. Le séquençage de l'ARN permet aux scientifiques d'analyser l'expression des gènes dans les cellules ou les tissus, ce qui offre des perspectives importantes sur les mécanismes des maladies. Les analyses épigénétiques, telles que l'étude de l'ADN-Le NGS a également rendu possible l'analyse des modèles de méthylation, ce qui permet de mieux comprendre la régulation des gènes dans différentes conditions. Dans le domaine de l'oncologie le NGS a contribué à la découverte de biomarqueurs qui améliorent la détection précoce du cancer et le pronostic.

Le NGS est également un outil clé dans la médecine personnalisée. est un outil clé. Il permet de développer des thérapies sur mesure, basées sur les caractéristiques génétiques d'un patient. Par exemple, la pharmacogénomique peut-Les tests effectués avec le NGS permettent de prédire l'efficacité et les effets secondaires de certains médicaments, ce qui permet un traitement plus précis et plus sûr. De même, cette technique offre des solutions potentielles pour la médecine préventive en identifiant les facteurs de risque génétiques individuels pour les maladies.

Outre la médecine, le NGS a permis a également permis d'énormes progrès dans d'autres domaines comme l'agriculture, les sciences environnementales et la médecine légale. En agronomie, il est utilisé pour identifier des marqueurs génétiques permettant de cultiver des plantes plus productives et plus résistantes. Dans les sciences environnementales, le NGS aide à étudier la biodiversité des micro-organismes dans différents écosystèmes. Dans le domaine médico-légal, la technologie permet d'analyser des traces d'ADN minimales.-pour résoudre des affaires avec plus de précision.

Dans l'ensemble, le NGS a le paysage de la génomique et des sciences de la vie a fondamentalement changé. Il a non seulement approfondi notre compréhension des processus génétiques et moléculaires, mais il a également permis des applications pratiques en médecine et au-delà. Avec le développement continu de la technologie et de la bio-informatique, on s'attend à ce que le NGS joue un rôle de plus en plus important dans la résolution de questions biologiques et médicales complexes. La combinaison de la rapidité, de la précision et de la polyvalence fait du NGS un outil indispensable dans la science et la médecine modernes.

Applications cliniques

La recherche sur le génome a révolutionné la médecine et a donné naissance à une multitude d'applications cliniques, de diagnostics, la thérapie et la prévention améliorer considérablement. En comprenant les bases génétiques des maladies et en identifiant des marqueurs génétiques spécifiques, les médecins et les scientifiques peuvent développer des approches personnalisées qui sont plus précises et plus efficaces que jamais. Les technologies génomiques, telles que le séquençage à haut débit et l'édition de gènes, ont fait leur entrée dans de nombreux domaines médicaux.

L'une des applications cliniques les plus importantes de la recherche génomique est le diagnostic des maladies rares. est le **diagnostic de maladies génétiques rares**. Nombre de ces maladies, qui étaient auparavant difficiles ou impossibles à diagnostiquer, peuvent aujourd'hui être identifiées avec précision grâce à l'analyse de l'ensemble du génome ou de l'exome. Cela permet non seulement un diagnostic précis, mais aussi un traitement ciblé et un conseil génétique pour les familles concernées. Le séquençage de l'exome a déjà contribué à élucider la cause de maladies telles que la dystrophie musculaire ou certaines formes d'épilepsie.

Dans le domaine de la **cancérologie** la recherche sur le génome a a entraîné de profonds changements. L'analyse des génomes tumoraux permet d'identifier des mutations génétiques spécifiques à une tumeur. Ces informations sont essentielles pour le développement et l'utilisation de thérapies ciblées qui ne s'attaquent qu'aux cellules cancéreuses tout en épargnant les tissus sains. Des exemples sont les médicaments tels que les inhibiteurs HER2 dans le cancer du sein ou les inhibiteurs de l'EGFR dans le cancer du poumon. En outre, la génomique joue un rôle joue un rôle clé dans la détection de biomarqueurs qui permettent de prédire l'évolution de la maladie et l'efficacité de certains traitements.

La **médecine préventive** bénéficie également de la recherche génomique. Les tests génétiques peuvent révéler des risques individuels de maladie avant même que les symptômes n'apparaissent. Par exemple, les femmes porteuses de mutations BRCA1 ou BRCA2 peuvent présenter un risque accru de cancer du sein et des ovaires. Ces connaissances permettent de prendre des mesures préventives telles qu'un dépistage renforcé ou des interventions prophylactiques. Des approches similaires existent pour d'autres maladies telles que les maladies cardiovasculairesPour ces dernières, des facteurs de risque génétiques tels que des variantes du gène LDLR peuvent être détectés à un stade précoce.

Un autre domaine d'application important est la **pharmacogénomique**qui étudie comment les différences génétiques influencent la réaction d'un individu aux médicaments. Ces informations permettent de choisir la médication et le dosage appropriés pour chaque patient, afin de minimiser les effets secondaires et de maximiser l'efficacité. Un exemple est le dosage de l'anticoagulant warfarine, qui est influencé par des variations génétiques dans les gènes CYP2C9 et VKORC1. Grâce à des tests pharmacogénomiques, la dose peut être adaptée individuellement afin d'éviter les complications.

La recherche sur le génome a également permis de développer des **thérapies géniques** innovantes ont permis de développer de nouveaux gènes. Ces thérapies visent à réparer ou à remplacer les gènes défectueux à l'origine de maladies. Les premiers succès cliniques se manifestent dans des maladies génétiques telles que la drépanocytose et la bêta-thalassémie, dans lesquels les défauts génétiques sous-jacents sont corrigés. En ophtalmologie, la thérapie génique Luxturna a prouvé a déjà prouvé que les troubles visuels génétiques peuvent être traités.

Dans le domaine de l'**infectiologie** la recherche génomique est utilisée est utilisée pour identifier plus rapidement les agents pathogènes et analyser leurs caractéristiques génétiques. Ceci est particulièrement pertinent pour le développement de vaccins et de thérapies antivirales. Lors de la pandémie COVID-19-Lors de la pandémie de SRAS, la recherche génomique a joué un rôle clé dans le séquençage du génome du SRAS-CoV-2 et dans le développement de vaccins basés sur l'ARNm.

La **médecine de transplantation** a également a bénéficié de la recherche génomique a bénéficié de la recherche. Les tests génétiques permettent de déterminer plus précisément la compatibilité des tissus entre donneurs et receveurs, ce qui augmente le taux de réussite des transplantations d'organes. En outre, des recherches sont menées sur la manière dont les facteurs génétiques influencent la réaction immunitaire afin de mieux contrôler les réactions de rejet.

La recherche génomique a permis a par ailleurs permis des avancées significatives dans le domaine de **la santé mentale**. Des études sur l'architecture génétique de troubles tels que la dépression, la schizophrénie et l'autisme ont contribué à identifier des facteurs de risque génétiques complexes. Ces connaissances pourraient conduire à l'avenir à de nouveaux outils de diagnostic et à des traitements personnalisés.

Dans le domaine du **diagnostic prénatal et de la grossesse**, la recherche génomique a permis de réaliser des progrès considérables. a également permis de réaliser des progrès révolutionnaires. Les tests prénataux non invasifs (NIPT), basés sur l'analyse de l'ADN fœtal acellulaire dans le sang maternel, permettent de détecter précocement des anomalies génétiques telles que la trisomie 21sans avoir recours à des procédures invasives telles que l'amniocentèse. de la grossesse.

Diagnostic et thérapie des maladies génétiques

Le diagnostic Les progrès de la recherche sur le génome ont transformé le traitement des maladies génétiques. ont connu une profonde transformation. Les maladies génétiques causées par des mutations dans un ou plusieurs gènes présentent souvent des défis diagnostiques et thérapeutiques complexes. Grâce aux technologies génomiques modernes telles que le séquençage à haut débit (séquençage de nouvelle génération, NGS) et l'édition de gènes, ces maladies peuvent aujourd'hui être diagnostiquées avec plus de précision et traitées de manière ciblée.

Dans le domaine du **diagnostic** des maladies génétiques, la recherche génomique a a introduit un changement de paradigme. Les méthodes de diagnostic traditionnelles, comme les tests moléculaires génétiques individuels, prenaient souvent beaucoup de temps et ne pouvaient détecter que des mutations spécifiques. Avec le NGS il est désormais possible d'analyser le génome entier (WGS, Whole Genome Sequencing) ou de l'exome (WES, Whole Exome Sequencing) d'un patient en peu de temps et à un coût raisonnable. Cela permet une étude complète des causes génétiques des maladies, même chez les patients présentant des symptômes non spécifiques ou complexes. Le séquençage de l'exome est souvent utilisé pour identifier des maladies génétiques rares dans lesquelles un grand nombre de gènes potentiels pourraient être affectés. Un exemple est la dystrophie musculaire, dans laquelle des mutations dans plusieurs gènes différents peuvent être à l'origine de la maladie. L'analyse génomique permet également de découvrir de nouvelles variantes génétiques qui révèlent des mécanismes pathologiques inconnus auparavant.

Le diagnostic des des maladies génétiques est complété par des tests génétiques précis qui ciblent des mutations spécifiques. Par exemple, les porteurs de mutations génétiques telles que BRCA1 ou BRCA2, qui augmentent le risque de cancer du sein et des ovaires, peuvent être identifiés par des tests ciblés. De tels diagnostics sont importants non seulement pour le patient, mais aussi pour les membres de sa famille qui pourraient être porteurs d'un risque accru des mêmes mutations.

Dans le domaine du **traitement** des maladies génétiques, la recherche sur le génome a permis des avancées majeures. a également permis des progrès révolutionnaires. Les thérapies géniques sont l'un des développements les plus prometteurs dans ce domaine. Elles visent à corriger ou à remplacer directement des gènes défectueux. Un exemple est la thérapie génique pour les maladies héréditaires graves de la rétine comme l'amaurose congénitale de Leber, dans laquelle le gène RPE65 défectueux est remplacé par un gène fonctionnel. Luxturna, une thérapie génique autorisée, a montré que de telles approches pouvaient restaurer la vision des patients.

Un autre exemple est le traitement de l'anémie à hématies falciformes et la bêta-thalassémie, dans lesquels des gènes d'hémoglobine défectueux sont à l'origine de la maladie. Grâce à l'utilisation de technologies d'édition de gènes telles que CRISPR-Cas9 les gènes défectueux peuvent être corrigés avec précision, ce qui a le potentiel de guérir définitivement ces maladies. Les premiers essais cliniques de thérapie génique basée sur CRISPR montrent des résultats prometteurs et pourraient constituer à l'avenir un standard dans le traitement des maladies génétiques.

Outre la thérapie génique, la recherche sur le génome a a également fait progresser le développement de médicaments spécifiques qui ciblent des mécanismes génétiques. Un exemple est le développement de médicaments pour la mucoviscidosequi améliorent la fonction du gène CFTR muté. Ces médicaments, comme l'ivacaftor, s'adressent aux causes moléculaires de la maladie et ont permis d'améliorer considérablement la qualité et l'espérance de vie des patients.

Le diagnostic prénatal des maladies génétiques a progressé grâce à la recherche sur le génome a également fait d'importants progrès. Les tests prénataux non invasifs (NIPT) analysent l'ADN fœtal acellulaire. dans le sang maternel et permettent la détection précoce d'anomalies génétiques telles que la trisomie 21.sans le risque de procédures invasives. Cela a amélioré la sécurité et la précision des diagnostics prénataux. et offre aux parents et aux médecins une plus grande marge de manœuvre.

Malgré les progrès impressionnants, il y a des défis à relever. L'un d'entre eux est l'interprétation des données génétiques, en particulier pour les variants dont la signification clinique est inconnue. Toutes les mutations génétiques n'entraînent pas nécessairement des maladies, et la signification clinique de nombreuses variantes génétiques reste floue. Cela nécessite l'intégration des données génomiques avec d'autres informations diagnostiques afin de prendre des décisions éclairées. En outre, la dimension éthique du diagnostic génétique constitue un défi. et de la thérapie représente un défi. Le traitement des informations génétiques exige des directives strictes en matière de protection des données, et la possibilité de manipuler les cellules germinales soulève des questions sociales et éthiques.

Le diagnostic des et le traitement des maladies génétiques sont entrés dans une nouvelle ère grâce à la recherche sur le génome ont ouvert une nouvelle ère. La capacité d'identifier précisément les causes génétiques et de les traiter de manière ciblée offre de l'espoir aux patients qui, auparavant, ne pouvaient être traités que de manière symptomatique. Avec le développement progressif des technologies génomiques et des thérapies géniques, le potentiel est énorme. le potentiel est grand de mieux comprendre et de traiter efficacement un grand nombre de maladies génétiques, ce qui améliorera durablement les soins de santé et la qualité de vie de millions de personnes dans le monde.

Développement de la médecine personnalisée

La médecine personnaliséeégalement appelée médecine de précision, a évolué grâce aux progrès de la recherche génomique. et l'utilisation des profils génétiques ont connu une évolution transformatrice. L'objectif de la médecine personnalisée est d'adapter les diagnostics, les stratégies de prévention et les thérapies aux caractéristiques génétiques, moléculaires et cliniques individuelles de chaque patient. Contrairement aux approches traditionnelles qui prévoient des traitements standardisés pour tous les patients, la médecine personnalisée utilise des informations génétiques détaillées pour développer le meilleur traitement possible pour chaque individu. Cela augmente l'efficacité du traitement, minimise les effets secondaires et ouvre de nouvelles possibilités dans la prévention des maladies. et la guérison de maladies complexes.

La base de la médecine personnalisée est l'analyse des profils génétiques individuels, qui peut être réalisée grâce à des technologies telles que le séquençage à haut débit (Next-Generation Sequencing, NGS).) et les analyses bio-informatiques sont devenues possibles. Ces procédés permettent d'identifier les variations génétiques responsables de l'apparition de maladies ou de la réaction aux médicaments. Par exemple, des mutations dans certains gènes, comme BRCA1 et BRCA2, peuvent augmenter considérablement le risque de cancer du sein et des ovaires. Grâce à ces connaissances, des mesures préventives telles que des contrôles rapprochés ou des opérations prophylactiques peuvent être planifiées individuellement.

Dans le traitement du cancer, la la médecine personnalisée a permis a fait des progrès remarquables. L'ADN tumoral-Les analyses de l'ADN peuvent identifier des mutations génétiques spécifiques qui stimulent la croissance tumorale. Ces connaissances permettent d'utiliser des thérapies ciblées qui agissent spécifiquement contre ces mutations, comme les inhibiteurs de l'EGFR pour le cancer du poumon ou les inhibiteurs de HER2 pour le cancer du sein.. Ces thérapies sont souvent plus efficaces et moins agressives que les chimiothérapies traditionnelles.car ils s'attaquent avec précision au tissu tumoral et épargnent en grande partie les tissus sains. L'analyse de l'ADN tumoral a également permis de développer les biopsies liquides, qui permettent d'obtenir des informations génétiques à partir de l'ADN tumoral circulant dans le sang. Cette méthode non invasive offre un moyen rapide et sûr de surveiller l'évolution de la maladie et d'adapter le traitement.

La pharmacogénomique est un autre champ d'application central de la médecine personnalisée.. Celle-ci étudie comment les variations génétiques influencent la réaction d'un individu aux médicaments. Certains patients métabolisent les médicaments plus ou moins rapidement en raison de différences génétiques, ce qui influence l'efficacité ou le risque d'effets secondaires. Par exemple, des variantes du gène CYP2C19 influencent l'efficacité du clopidogrel., un anticoagulant souvent prescrit après un infarctus du myocarde. Les tests génétiques permettent de choisir des médicaments alternatifs ou des dosages mieux adaptés aux besoins individuels des patients. De telles approches améliorent non seulement la sécurité et l'efficacité du traitement, mais contribuent également à réduire les coûts des soins de santé en évitant les thérapies inefficaces.

La médecine personnalisée a également fait ses preuves dans le traitement de maladies génétiques, comme la mucoviscidose ou la drépanocytosea fait des progrès. L'identification de défauts génétiques spécifiques a conduit au développement de thérapies ciblées qui agissent au niveau moléculaire. L'ivacaftor en est un exemple.un médicament qui améliore la fonction de la protéine CFTR mutée chez les patients atteints de mucoviscidose présentant certaines mutations. Ces approches thérapeutiques illustrent la manière dont les profils génétiques peuvent être utilisés pour développer des traitements pour des groupes de patients spécifiques.

En outre, la médecine personnalisée ouvre des de nouvelles possibilités dans la médecine préventive. Les tests génétiques peuvent être utilisés pour réduire le risque de maladies chroniques telles que le diabète, la maladie d'Alzheimer et la maladie de Parkinson., les maladies cardio-vasculaires ou des maladies neurodégénératives comme la maladie d'Alzheimer à un stade précoce. Ces connaissances permettent d'adapter individuellement les mesures préventives telles que les modifications du mode de vie ou les examens de dépistage réguliers afin de réduire le risque de maladie ou de retarder son apparition.

Cependant, les développements de la médecine personnalisée soulèvent également des défis. L'interprétation des données génétiques requiert des compétences spécialisées et des analyses bioinformatiques, ce qui entraîne des coûts élevés. De plus, toutes les variations génétiques ne sont pas entièrement comprises, ce qui peut entraîner des incertitudes lors de l'application clinique. Les questions éthiques, telles que le traitement des informations génétiques sensibles et la discrimination potentielle sur la base des caractéristiques génétiques, nécessitent une réglementation minutieuse et des directives claires en matière de protection des données. L'accès à la médecine personnalisée est également un sujet de préoccupation, car les tests et les traitements génétiques sophistiqués ne sont souvent disponibles que dans des centres spécialisés et sont financièrement inaccessibles pour de nombreux patients.

La médecine personnalisée a cependant le potentiel de modifier fondamentalement les soins de santé. En combinant les informations génomiques avec d'autres sources de données, telles que les facteurs liés au mode de vie et à l'environnement, il est possible de développer de nouvelles thérapies.des stratégies de traitement encore plus précises peuvent être développées. Les progrès de l'intelligence artificielle et de l'analyse des données volumineuses amélioreront encore l'intégration et l'interprétation de ces données, ce qui pourrait rendre la médecine personnalisée plus accessible et plus efficace.

Modifications génétiques

Le débat de société sur les modifications génétiques est l'une des discussions les plus complexes et les plus complexes de notre époque. Il englobe des questions éthiques, sociales, juridiques et scientifiques qui découlent des énormes possibilités offertes par des technologies telles que CRISPR-Cas9 et d'autres outils d'édition génétique. Ce débat est alimenté par le développement rapide de la recherche en génomique qui rend les modifications génétiques de plus en plus accessibles et potentiellement utilisables à grande échelle. Les thèmes centraux de ce débat concernent les opportunités et les risques de l'édition de gènes, en particulier chez les humains, l'impact sur la société et la manière dont les limites de cette technologie devraient être définies.

Un thème central du débat est la différence entre les modifications somatiques et germinales.. Les modifications somatiques n'affectent que la personne traitée et se sont déjà révélées potentiellement sûres et efficaces dans des études cliniques, par exemple dans la thérapie génique pour le traitement de maladies telles que la drépanocytose. Les modifications de la lignée germinale, en revanche, modifient l'ADN dans les ovules, les spermatozoïdes ou les embryons, de sorte que ces modifications sont transmises aux générations futures. Alors que les interventions somatiques sont largement acceptées, les modifications germinales suscitent d'importantes préoccupations éthiques. Les critiques font valoir que ces interventions sont irréversibles et pourraient avoir des conséquences involontaires qui ne seront visibles que des générations plus tard.

Un autre aspect est la possibilité de créer ce que l'on appelle des "bébés designers". L'édition génétique pourrait théoriquement être utilisée pour promouvoir certaines caractéristiques souhaitées, telles que l'intelligence, la forme physique ou même l'esthétique. De telles applications soulèvent des questions fondamentales quant à l'acceptation de l'optimisation génétique et à son impact sur la justice sociale. Les critiques mettent en garde contre l'apparition d'un "fossé génétique", dans lequel seules les parties aisées de la société auraient accès à de telles technologies, ce qui pourrait encore renforcer les inégalités sociales.

La question de la sécurité joue également un rôle central. Bien que les technologies telles que CRISPR-Cas9 sont devenues plus précises, il existe toujours un risque d'effets hors cible, où des modifications génétiques involontaires se produisent. Celles-ci pourraient avoir de graves conséquences sur la santé, en particulier si elles affectent les cellules de la lignée germinale. De tels risques soulignent la nécessité de mesures de sécurité et de réglementation strictes avant que les modifications génétiques puissent être appliquées à grande échelle.

Outre les questions techniques et éthiques, la modification génétique soulève également des préoccupations sociales et culturelles. Dans de nombreuses cultures et traditions religieuses, il existe des idées profondément ancrées sur le caractère inviolable de la vie humaine et sur le rôle de l'homme dans la nature. Pour certains critiques, l'édition de gènes représente une transgression des limites morales et naturelles, considérée comme une atteinte à la création ou à l'œuvre divine. Cette perspective conduit à un large rejet de cette technologie, même si elle pourrait potentiellement sauver des vies.

Un autre sujet important est la gestion des informations génétiques et leur utilisation potentielle. La modification génétique nécessite une connaissance précise des séquences d'ADN.-séquences, ce qui soulève la question de la protection des données et l'utilisation abusive de ces données. On craint que les informations génétiques puissent être utilisées pour des pratiques discriminatoires, par exemple dans le domaine de l'assurance ou de l'emploi. De tels scénarios renforcent la demande d'un cadre juridique clair et d'accords internationaux garantissant une utilisation responsable de la technologie.

La dimension mondiale du débat est également importante. Alors que certains pays comme les États-Unis, la Chine ou le Royaume-Uni étudient et utilisent les modifications génétiques sous certaines conditions, d'autres ont imposé des interdictions strictes. Ce manque de consensus international pourrait conduire à une "course aux armements génétiques", dans laquelle les pays s'affronteraient pour dominer les progrès de la modification génétique. Cela soulève des questions d'équité et de coopération à l'échelle mondiale.

Les potentiels positifs de la modification génétique ne doivent toutefois pas être ignorés dans le débat. Les interventions génétiques pourraient aider des millions de personnes en guérissant ou en prévenant des maladies d'origine génétique. En outre, la technologie pourrait être utilisée dans l'agriculture pour créer des plantes plus résistantes et garantir l'approvisionnement alimentaire mondial. Ces opportunités nécessitent toutefois une évaluation minutieuse des risques et des implications éthiques.

2. l'intelligence artificielle

L'intégration de l'intelligence artificielle (IA)) dans la médecine a permis ces dernières années des avancées profondes qui ont permis de diagnostiquerrévolutionnent la thérapie et la recherche. Les technologies d'IA analysent rapidement et précisément de grandes quantités de données, identifient des modèles et aident les médecins à prendre des décisions. Des applications telles que l'analyse d'images en radiologie, les plans de traitement personnalisés en oncologie et les modèles prédictifs basés sur l'IA en médecine préventive ont considérablement amélioré l'efficacité et la précision des procédures médicales. En combinant le big data, l'apprentissage automatique et les informations cliniques, l'IA ouvre de nouvelles voies pour détecter les maladies plus tôt, les traiter de manière plus personnalisée et rendre les soins de santé globalement plus accessibles et plus efficaces.

Introduction à l'IA en médecine

L'intelligence artificielle (IA)) est devenue ces dernières années l'une des technologies les plus influentes dans le domaine de la médecine et promet de changer la manière dont les diagnostics sont posés, les traitements effectués et les données de santé analysées. sont analysées de manière fondamentale. L'IA désigne l'utilisation d'algorithmes et de l'apprentissage automatique capables d'identifier des modèles, de faire des prédictions et d'aider à la prise de décision sur la base de grandes quantités de données. En médecine, les applications vont de l'analyse de l'imagerie médicale et du développement de thérapies personnalisées à l'optimisation des processus cliniques et à la découverte de nouveaux médicaments.

L'importance de l'IA en médecine découle de l'énorme complexité et de l'abondance des données du système de santé moderne. Les médecins et les chercheurs sont de plus en plus confrontés au défi d'analyser et d'interpréter de grandes quantités d'informations sur les patients, de données génétiques, de résultats d'imagerie et d'études cliniques. L'IA offre ici une solution en traitant efficacement ces données et en identifiant des modèles à peine perceptibles par l'homme. Cela permet non seulement d'établir des diagnostics plus rapides et plus précis, mais aussi d'identifier les risques individuels de maladie et les stratégies de traitement optimales.

L'un des principaux avantages de l'IA en médecine est sa capacité à apprendre de l'expérience et à s'améliorer continuellement. Les algorithmes peuvent devenir de plus en plus précis en s'entraînant avec des données issues de la pratique clinique, contribuant ainsi au développement de systèmes intelligents qui aident les médecins et ne les remplacent pas. Cela fait de l'IA un outil qui élargit les connaissances et les compétences des professionnels tout en améliorant la qualité et l'accessibilité. des soins de santé. Cependant, l'introduction de l'IA dans la médecine est également confrontée à des défis, notamment des questions éthiques, la protection des données et la confidentialité. et l'intégration de ces technologies dans les systèmes existants. Néanmoins, l'IA est considérée comme l'une des approches les plus prometteuses pour rendre la médecine plus efficace, plus précise et plus centrée sur le patient.

Pertinence de l'IA dans le secteur de la santé

La pertinence de l'IA-Ces dernières années, les technologies de la santé ont connu une croissance rapide, qui se reflète dans leur capacité à améliorer l'efficacité, la précision et l'accessibilité des soins. d'améliorer fondamentalement les soins médicaux. L'IA offre des solutions à certains des plus grands défis du secteur de la santé, tels que le traitement de grandes quantités de données, la précision des diagnostics et la personnalisation des thérapies. L'apprentissage automatique et l'analyse des données permettent de détecter des modèles dans des données médicales complexes difficiles à identifier par l'homme, ce qui permet de prendre plus rapidement des décisions éclairées.

Un domaine central dans lequel l'IA est particulièrement pertinent dans le diagnostic. Les systèmes basés sur l'IA, comme en radiologie ou en pathologie, analysent les images médicales avec une grande précision et peuvent détecter des anomalies telles que des tumeurs, des pneumonies ou des maladies cardio-vasculaires. détecter plus tôt et plus précisément. Cela permet de prendre de meilleures décisions en matière de traitement et souvent d'augmenter le taux de survie des patients. En oncologie, les modèles par exemple, les modèles d'IA aident à analyser les profils génétiques des tumeurs et à proposer des options thérapeutiques ciblées, basées sur les caractéristiques génétiques individuelles d'un patient.

L'IA est également importante dans la médecine préventive revêt une grande importance. Les modèles prédictifs permettent de détecter précocement les risques individuels de maladie et de proposer des mesures de prévention. Des exemples sont les systèmes d'IA qui prédisent les infarctus du myocarde ou les risques de diabète en combinant des données sur le mode de vie, des informations génétiques et des antécédents médicaux.

En outre, l'IA joue un rôle joue un rôle central dans le développement de nouveaux médicaments. L'analyse de grands ensembles de données issues de la recherche génomique, les études cliniques et les bases de données pharmacologiques accélèrent l'identification de substances actives potentielles et réduisent considérablement les coûts de développement des médicaments. Cela a été démontré lors de la pandémie CO-VID-19-L'utilisation des technologies d'intelligence artificielle pour accélérer le développement d'agents antiviraux potentiels et la conception de vaccins a été particulièrement évidente lors de la pandémie.

IA améliore en outre l'efficacité organisationnelle dans le secteur de la santé. Les systèmes intelligents optimisent les processus dans les hôpitaux, par exemple en prédisant les flux de patients ou en automatisant les tâches administratives. Le personnel médical est ainsi moins sollicité, ce qui lui permet de consacrer plus de temps aux soins directs aux patients.

Applications actuelles

L'intelligence artificielle (IA)) est de plus en plus utilisée dans le secteur de la santé et a déjà trouvé un large éventail d'applications, qui concernent le diagnostic, la thérapie, la prévention et la gestion des données de santé révolutionnent la médecine. L'imagerie médicale est l'un des principaux domaines d'application. Les algorithmes d'IA analysent les radiographies, les scanners et les IRM avec une grande précision et aident les médecins à détecter des anomalies telles que les tumeurs, les pneumonies ou les maladies cardio-vasculaires.. Ces technologies offrent non seulement une évaluation plus rapide, mais aussi une sensibilité et une spécificité plus élevées, en particulier pour les résultats subtils qui sont difficiles à voir à l'œil nu.

Un autre domaine d'application important est la médecine personnalisée.. L'IA est utilisée pour analyser les données génétiques et d'autres informations spécifiques au patient et pour créer des plans de traitement personnalisés sur cette base. En oncologie, les modèles par exemple, les modèles d'IA aident à identifier les mutations génétiques dans les tumeurs qui peuvent être traitées par des thérapies spécifiques. Cela permet un traitement ciblé qui non seulement améliore l'efficacité, mais réduit également les effets secondaires. De même, l'IA est utilisée dans la pharmacogénomique est utilisée pour prédire comment les patients vont réagir à certains médicaments, ce qui augmente la sécurité et l'efficacité des thérapies.

En médecine préventive, l'IA utilise des des modèles prédictifs qui peuvent prédire les risques de maladie. En analysant les dossiers de santé électroniques, les informations génétiques et les données relatives au mode de vie, l'IA identifie les facteurs de risque individuels pour les maladies chroniques telles que le diabète, les maladies cardio-vasculaires ou les maladies neurodégénératives. Cela permet des interventions précoces, comme des changements de style de vie ou des mesures médicales préventives, qui peuvent empêcher ou retarder l'apparition de la maladie.

L'IA joue également un rôle crucial dans le développement de médicaments joue un rôle transformateur. Les algorithmes d'IA analysent de grandes quantités de données issues de la génomiquedes études cliniques et des bibliothèques chimiques afin d'identifier et d'optimiser plus rapidement les substances actives potentielles. Lors de la pandémie COVID-19-cette technologie a été utilisée pour développer plus efficacement des médicaments antiviraux et la conception de vaccins. L'IA a considérablement accéléré le processus de recherche de substances actives, réduit les coûts et amélioré les chances de succès.

Dans le domaine de la robotique et de l'assistance chirurgicale, l'IA est utilisée est également utilisée. Des systèmes chirurgicaux intelligents tels que le robot Da Vinci utilisent l'IA pour aider les chirurgiens lors d'interventions peu invasives, en précisant les mouvements et en minimisant les risques. Ces technologies contribuent à réduire le temps de récupération des patients et à augmenter les taux de réussite des interventions chirurgicales.

Un autre domaine d'application pertinent de l'IA est la gestion et l'analyse de grandes quantités de données médicales. L'IA permet d'optimiser les dossiers médicaux électroniques en classant automatiquement les données, en réduisant les erreurs et en fournissant des informations pour les décisions cliniques. Les systèmes intelligents aident à intégrer les données des patients provenant de différentes sources, ce qui permet d'obtenir une vue d'ensemble de l'état de santé d'un patient.

Dans le contrôle des infections, l'IA est utilisée pour est utilisée pour prédire et surveiller les épidémies. En analysant les données épidémiologiques et les données de voyage, l'IA a par exemple permis, lors de la pandémie de COVID-19-a permis de modéliser la propagation du virus et d'identifier les points chauds à un stade précoce. Cela a aidé les gouvernements et les systèmes de santé à planifier plus efficacement les mesures préventives.

L'IA est également utilisée dans le domaine de la santé mentale trouve des applications. Les chatbots et les assistants virtuels basés sur l'IA offrent un soutien dans le traitement de la dépression et de l'anxiété., les troubles anxieux et d'autres maladies psychiques. Ces systèmes peuvent reconnaître les symptômes, fournir une aide personnalisée et orienter les patients vers des thérapeutes si nécessaire. Les applications basées sur l'IA sont également utilisées pour analyser les données comportementales et fournir des recommandations personnalisées pour améliorer la santé mentale.

Dans l'ensemble, l'IA permet dans le secteur de la santé, des diagnostics plus précis, des thérapies plus personnalisées, des stratégies de prévention plus efficaces et des processus de travail plus efficients. Elle a le potentiel d'améliorer la qualité des soins aux patients tout en réduisant les coûts de la santé. Malgré ces progrès, des défis subsistent, tels que la garantie de la protection des données, la prévention des biais algorithmiques et l'utilisation éthique de la technologie persistent. Cependant, au fur et à mesure de son développement et de son intégration, l'IA jouera un rôle encore plus central dans l'avenir des soins de santé.

IA dans l'imagerie médicale

L'utilisation de l'intelligence artificielle (IA)) dans l'imagerie médicale a fait des progrès considérables ces dernières années et révolutionne des domaines tels que la radiologie et la pathologie. Les technologies d'IA, notamment l'apprentissage automatique et l'apprentissage profond, analysent de grandes quantités de données d'images complexes avec une précision et une vitesse qui dépassent les méthodes traditionnelles. Ces applications permettent d'établir des diagnostics plus précis, améliorent l'efficacité des flux de travail et aident les médecins à prendre des décisions.

En radiologie, l'IA est utilisée est souvent utilisée pour analyser les radiographies, les scanners et les IRM. Les algorithmes peuvent identifier de manière fiable des anomalies telles que des tumeurs, des fractures, des hémorragies ou des pneumonies. En oncologie notamment, l'IA l'IA a montré qu'elle pouvait détecter de petites tumeurs difficiles à détecter à un stade précoce, ce qui augmente considérablement les chances de survie des patients. Un exemple est l'utilisation de l'IA dans la détection du cancer du poumon sur les scanners, où les algorithmes peuvent localiser précisément les nodules suspects et réduire le risque d'une mauvaise interprétation.

Dans le domaine de la pathologie, l'IA est utilisée pour analyser des échantillons de tissus numériques (pathologie numérique). Les modèles d'apprentissage profond détectent les modèles cellulaires et les changements morphologiques qui indiquent des maladies telles que le cancer de manière plus rapide. indiquent souvent plus rapidement et plus précisément que les pathologistes humains. Les systèmes d'IA peuvent identifier des marqueurs génétiques et moléculaires spécifiques dans les échantillons de tissus, ce qui est essentiel pour le choix du traitement. Ces technologies n'accélèrent pas seulement le diagnosticElles permettent également de personnaliser les traitements.

Un avantage particulier de l'IA dans le domaine de l'imagerie médicale est sa capacité à analyser de grandes bases de données d'images et à apprendre à partir de millions de cas. Les algorithmes peuvent ainsi être optimisés en permanence afin d'améliorer leur précision et leur fiabilité. Les outils basés sur l'IA, tels que les systèmes de CAO (détection assistée par ordinateur), sont de plus en plus utilisés dans la pratique clinique pour aider les radiologues à établir des diagnostics, notamment pour la mammographie pour la détection précoce du cancer du sein ou lors de l'analyse de CT-scans pour l'évaluation de COVID-19-des lésions pulmonaires.

Outre l'amélioration de la précision du diagnostic, l'IA optimise permet également d'améliorer l'efficacité en radiologie et en pathologie. Les systèmes automatisés réduisent le temps nécessaire à l'analyse des images et libèrent les médecins des tâches de routine, ce qui leur permet de se concentrer sur des cas plus complexes et des activités proches du patient. Parallèlement, l'IA peut servir d'assurance qualité en fournissant un deuxième avis sur les résultats et en minimisant les erreurs humaines.

Malgré ces progrès, l'intégration de l'IA pose des défis dans l'imagerie médicale. L'un des plus importants est la garantie de la sécurité et de la confidentialité des données, car les systèmes d'IA doivent être entraînés sur de grandes quantités de données sensibles des patients. En outre, la validation des algorithmes dans la pratique clinique est essentielle pour s'assurer qu'ils fonctionnent de manière robuste et fiable. Un autre aspect important est l'acceptation par le personnel médical, car les médecins hésitent souvent à faire entièrement confiance aux systèmes d'IA, en particulier lorsqu'il s'agit de prendre des décisions critiques.

KI-Planification de la thérapie assistée par ordinateur

L'IA-La prise de décision et la planification thérapeutique basées sur l'IA ont le potentiel de transformer radicalement les soins médicaux en permettant des diagnostics plus précis et des approches thérapeutiques plus personnalisées. Les systèmes d'IA utilisent des algorithmes complexes et l'apprentissage automatique pour analyser de grandes quantités de données médicales - y compris l'historique du patient, les profils génétiques, l'imagerie et les essais cliniques - et en tirer des recommandations. Ces technologies aident les médecins à choisir des traitements optimaux et contribuent à prendre des décisions thérapeutiques plus rapides, mieux informées et plus personnalisées.

Un domaine d'application central est l'oncologieoù l'IA-Les modèles d'IA sont utilisés pour analyser les données génétiques et moléculaires des tumeurs. Ces analyses identifient des mutations spécifiques ou des biomarqueurs qui répondent à certaines thérapies, comme les médicaments ciblés ou les immunothérapies. En intégrant les données des essais cliniques, les systèmes d'IA peuvent également faire des propositions de thérapies expérimentales ou de participation à des études qui pourraient être pertinentes pour le patient en question. Cela permet non seulement d'augmenter l'efficacité du traitement, mais aussi d'ouvrir de nouvelles options aux patients atteints de cancers complexes ou rares.

En pharmacogénomique l'IA est utilisée est utilisée pour prédire comment un patient va réagir à certains médicaments. Cela est particulièrement pertinent lors du choix du dosage ou du médicament, afin de minimiser les effets secondaires et de maximiser l'efficacité. Par exemple, chez les patients présentant des variantes génétiques qui influencent leur capacité à métaboliser les médicaments, les systèmes d'IA peuvent suggérer des médicaments alternatifs ou adapter le dosage de manière individuelle. Ces approches personnalisées contribuent à réduire le risque d'échec thérapeutique ou d'effets indésirables.

Un autre exemple est celui de l'IA-pour les maladies chroniques telles que le diabète et les maladies cardiovasculaires. ou les maladies cardio-vasculaires. Dans ce cas, les algorithmes peuvent analyser les données des patients, telles que la pression artérielle, le taux de glycémie, le mode de vie et les traitements antérieurs, afin de créer des plans de traitement sur mesure. Ces plans peuvent inclure des interventions pharmacologiques et non pharmacologiques, telles que des changements de régime alimentaire ou des thérapies par l'exercice physique, spécialement adaptées aux besoins individuels du patient.

Même en soins intensifs l'IA joue un rôle joue un rôle croissant. Des algorithmes analysent en permanence les données vitales des patients et détectent à temps les changements qui pourraient indiquer une détérioration de leur état. Ces systèmes d'alerte précoce peuvent suggérer des interventions, par exemple l'adaptation des doses de médicaments, des paramètres de ventilation ou de l'hydratation, afin de prévenir les complications.

Un domaine dans lequel l'IA-La rééducation est un autre domaine où la prise de décision assistée par ordinateur a fait de grands progrès.. Dans ce domaine, les systèmes d'IA peuvent surveiller le déroulement des traitements et proposer des plans de rééducation optimisés individuellement sur la base des données de progression. Cette adaptation dynamique permet un rétablissement plus efficace et une meilleure qualité de vie pour les patients.

Amélioration du diagnostic et augmentation de l'efficacité

L'intégration de l'IA dans la médecine a permis d'améliorer le diagnostic fondamentalement améliorée et a considérablement augmenté l'efficacité des processus cliniques. Les algorithmes d'IA, en particulier ceux basés sur l'apprentissage automatique et l'apprentissage profond, sont capables d'analyser de grandes quantités de données médicales, telles que l'imagerie, les informations génétiques et les dossiers des patients, avec une vitesse et une précision qui dépassent largement les capacités humaines. Ces capacités font de l'IA un outil indispensable dans la médecine moderne.

Dans le domaine du diagnostic l'IA permet de une détection plus précise des maladies, souvent à des stades très précoces. En radiologie, par exemple, les systèmes basés sur l'IA peuvent analyser des scanners, des IRM et des radiographies et identifier des anomalies telles que des tumeurs, des fractures ou des changements inflammatoires, souvent avec une précision égale ou supérieure à celle des experts humains. En particulier pour les résultats difficiles à détecter, comme les tumeurs précoces ou les anomalies pulmonaires subtiles, l'IA a montré qu'elle offrait une sensibilité et une spécificité plus élevées grâce à sa capacité à reconnaître des motifs fins. Cela conduit à des diagnostics plus précoces et permet un traitement à temps, ce qui peut améliorer considérablement le pronostic des patients.

En pathologie aussi, l'IA joue un rôle joue un rôle de transformation. En analysant des échantillons de tissus numérisés, l'IA peut identifier des modifications cellulaires qui révèlent des maladies comme le cancer. sont révélatrices. Les algorithmes peuvent non seulement reconnaître les tissus tumoraux, mais aussi analyser la signature moléculaire d'une tumeur, ce qui est essentiel pour la sélection de thérapies ciblées. Ces technologies permettent de gagner du temps et de réduire le risque d'erreurs de diagnostic en fournissant des résultats standardisés et reproductibles.

Outre l'amélioration du diagnostic l'IA contribue contribue considérablement à l'augmentation de l'efficacité des processus cliniques. Les tâches de routine, telles que l'analyse des données d'imagerie, le screening des dossiers des patients ou le codage des informations médicales peuvent être automatisées, ce qui permet de réduire la charge de travail des médecins et du personnel médical. Cela libère du temps pour les soins directs aux patients et réduit la charge des tâches administratives. L'automatisation des programmes de dépistage, par exemple en mammographie, en est un exemple.Les systèmes d'intelligence artificielle donnent la priorité aux résultats suspects et réduisent ainsi la charge de travail des radiologues.

IA peut également faire office d'outil d'assurance qualité en examinant les diagnostics humains et en mettant en évidence les erreurs potentielles ou les résultats manqués. Cette fonction est particulièrement précieuse dans les hôpitaux très occupés ou dans les régions où l'accès à des médecins spécialisés est limité. Parallèlement, l'IA peut accroître la cohérence et la précision des processus de diagnostic, ce qui améliore la fiabilité des soins médicaux.

Un autre domaine dans lequel l'IA peut augmente l'efficacité, c'est l'optimisation des processus cliniques. Les modèles prédictifs peuvent analyser le flux de patients dans les hôpitaux et prédire quelles ressources seront nécessaires dans les jours ou semaines à venir. Ces informations permettent d'optimiser l'utilisation des lits, du personnel et des équipements médicaux et d'éviter les goulets d'étranglement. De même, les systèmes d'IA peuvent aider à organiser plus efficacement les commandes de médicaments ou la planification des rendez-vous.

Biais et interprétabilité des modèles d'IA-Modèles d'intelligence artificielle

Les défis liés aux biais et à l'interprétabilité des modèles d'IA constituent des obstacles majeurs.-Les défis liés aux modèles d'IA constituent des obstacles majeurs à l'intégration des technologies d'IA dans la médecine. Ces deux aspects sont étroitement liés et concernent aussi bien le développement technique que les implications éthiques et cliniques de l'utilisation de l'IA dans les soins de santé.

Biais dans l'IA-Le biais d'apprentissage se produit lorsque les algorithmes fournissent des résultats erronés ou injustes en raison de données d'apprentissage insuffisantes ou déformées. En médecine, cela peut avoir de graves conséquences, car les décisions concernant les diagnostics, les recommandations thérapeutiques ou l'allocation des ressources influencent directement la santé et le bien-être des patients. Par exemple, un système d'IA entraîné sur des données provenant principalement d'un certain groupe de population peut donner des résultats inexacts ou désavantageux pour des patients d'autres ethnies ou sexes. Un exemple bien connu est la sous-représentation des femmes ou des minorités ethniques dans les essais cliniques, ce qui peut entraîner une précision moindre des modèles dans ces groupes. Cela renforce les inégalités existantes dans le domaine de la santé et compromet l'équité et la fiabilité des soins.

Un autre facteur de biais est la qualité des données d'entraînement. Les données médicales peuvent être erronées, incomplètes ou influencées par des préjugés systématiques, qui se répercutent ensuite sur les résultats de l'IA. se répercutent sur les résultats. Par exemple, les biais contenus dans les dossiers médicaux électroniques, tels que les diagnostics ou les décisions de traitement inégaux dans le passé, peuvent avoir un impact négatif sur les performances d'un système d'IA. Ces biais peuvent être involontairement perpétués, voire amplifiés, s'ils ne sont pas identifiés et adressés à un stade précoce.

L'interprétabilité des modèles d'IA-L'interprétation des modèles d'IA est un autre défi majeur, en particulier en médecine, où des décisions de vie ou de mort sont prises. De nombreux algorithmes d'IA modernes, en particulier les modèles d'apprentissage profond, sont souvent conçus comme des "boîtes noires" dont les processus décisionnels internes sont difficiles à comprendre. Ce manque de transparence peut nuire à la confiance des professionnels de la santé dans les systèmes d'IA et entraver leur acceptation. Les médecins et les patients doivent pouvoir comprendre comment et pourquoi un système d'IA parvient à un certain diagnostic ou à une certaine recommandation afin de pouvoir prendre des décisions en connaissance de cause. Sans cette traçabilité, la responsabilité reste des décisions médicales n'est pas claire, ce qui soulève des questions éthiques et juridiques.

Le manque d'interprétabilité a également des conséquences pratiques. Si un IA-pose un mauvais diagnostic ou donne une recommandation thérapeutique incorrecte, il est difficile d'identifier l'origine de l'erreur et d'y remédier. Cela complique non seulement l'amélioration des modèles, mais peut également les rendre moins efficaces et moins fiables.

Relever ces défis nécessite une approche multidisciplinaire. Pour réduire les biais, il faut utiliser des données représentatives et de qualité, qui reflètent la diversité des groupes de patients. Cela nécessite des investissements dans la collecte de données et la promotion d'essais cliniques inclusifs. En outre, des approches techniques telles que les algorithmes de correction des biais ou l'entraînement adversaire peuvent être utilisées pour identifier et réduire les biais dans les données.

Pour améliorer l'interprétabilité, des approches telles que Explainable AI (XAI), qui visent à rendre les processus de décision des modèles compréhensibles et transparents, sont prometteuses. Les visualisations, les analyses de caractéristiques et les algorithmes basés sur des règles peuvent contribuer à expliquer la logique derrière les recommandations d'un système d'IA.-mieux expliquer les systèmes d'IA. Parallèlement, il convient de mettre en place un cadre réglementaire qui favorise la transparence et la responsabilité.

Responsabilité

La responsabilité pour l'IA-Les décisions basées sur l'IA dans le contexte médical soulèvent de nombreuses questions éthiques, juridiques et pratiques qui requièrent une attention particulière dans un domaine hautement sensible comme les soins de santé. L'IA étant de plus en plus utilisée dans les processus diagnostiques et thérapeutiques, il est nécessaire de définir clairement les responsabilités afin de garantir la confiance dans ces technologies et de s'assurer qu'elles sont utilisées dans l'intérêt des patients. Les aspects éthiques et la protection des données jouent un rôle central à cet égard.

L'intégration de l'IA dans la pratique médicale entraîne un déplacement des responsabilités, notamment en ce qui concerne la prise de décision. Alors que les médecins sont traditionnellement responsables des diagnostics et des décisions de traitement, les systèmes d'IA peuvent influencer considérablement ces processus grâce à leur capacité d'analyser des données complexes et de faire des recommandations. Néanmoins, la question de savoir qui est finalement responsable reste ouverte. est responsable lorsqu'un système d'IA pose un mauvais diagnostic ou recommande un traitement inadapté. Est-ce le développeur de l'IA, l'opérateur de la technologie, le personnel médical ou l'établissement qui utilise l'IA ?

La pratique éthique courante veut que les médecins conservent le pouvoir de décision final et qu'ils évaluent les recommandations de l'IA. examiner les résultats de manière critique. Cela suppose toutefois qu'ils comprennent le fonctionnement de l'IA et qu'ils soient en mesure d'interpréter ses résultats, ce qui n'est pas toujours le cas avec des modèles très complexes comme le deep learning. Il en résulte une responsabilité éthiqueLa responsabilité de concevoir les systèmes d'IA de manière à ce qu'ils soient explicables (Explainable AI, XAI) et compréhensibles pour le personnel médical. Dans le cas contraire, on risque de tomber dans le "piège de l'automatisation", dans lequel les médecins se fient aveuglément à l'IA sans examiner ses recommandations de manière critique.

D'un point de vue éthique, l'utilisation de l'IA devrait être doit toujours être centrée sur le patient. Cela signifie que les avantages pour les patients doivent être prioritaires, sans que leur dignité, leurs droits ou leur sécurité ne soient menacés. Un aspect central est l'équité. Les systèmes d'IA ne doivent pas contenir de distorsions systématiques (biais) qui désavantagent certains groupes de population. Cela nécessite des données d'entraînement représentatives et des mécanismes de détection et de correction des biais.

La transparence est une autre question éthique. Les patients et le personnel médical ont le droit de savoir comment l'IA prend ses décisions.-Les systèmes d'IA prennent leurs décisions. Le manque d'interprétabilité de nombreux modèles d'IA constitue un défi, car les patients peuvent ne pas comprendre pourquoi un certain diagnostic a été posé ou une thérapie proposée. Cela pourrait entraîner une perte de confiance dans la technologie.

Le consentement éclairé (informed consent) joue également un rôle important. Les patients doivent être informés du fait que l'IA est utilisée dans leur processus diagnostique ou thérapeutique et qu'ils doivent avoir la possibilité de décider de l'utiliser ou non. Cela nécessite une communication claire et une présentation compréhensible de la fonction et des limites potentielles de l'IA.

La protection des données est un autre aspect sensible dans le contexte médical, car les IA-les systèmes sont entraînés sur de grandes quantités de données personnelles et souvent très sensibles. Le traitement de ces données doit être conforme à des lois strictes sur la protection des données, comme le règlement général sur la protection des données (RGPD) dans l'UE. Les patients doivent être informés de la manière dont leurs données sont collectées, stockées et utilisées, et leur consentement doit être obtenu.

3. immunothérapie

L'immunothérapie s'est imposée dans la médecine moderne comme une approche révolutionnaire qui utilise le système immunitaire de l'organisme pour traiter les maladies, en particulier le cancer.pour lutter contre le cancer. Grâce à des stratégies ciblées telles que les inhibiteurs de points de contrôle, les thérapies cellulaires CAR-T et les anticorps monoclonaux le système immunitaire est activé ou modulé afin de reconnaître et de détruire plus efficacement les cellules tumorales. Ces progrès ont considérablement élargi les possibilités de traitement et ouvrent de nouvelles perspectives pour le traitement du cancer, des maladies auto-immunes et les infections chroniques.

Bases scientifiques

Les immunothérapies modernes sont basées sur la modulation ciblée du système immunitaire afin de traiter des maladies telles que le cancer, la tuberculose et la sclérose en plaques., les maladies auto-immunes et les infections chroniques de manière plus efficace. Les fondements scientifiques reposent sur une compréhension approfondie du fonctionnement du système immunitaire, notamment des mécanismes par lesquels il fait la distinction entre les cellules de l'organisme et les pathogènes ou les cellules anormales comme les tumeurs. Le principe central est la capacité du système immunitaire à reconnaître des antigènes spécifiques et à y réagir, les lymphocytes T jouant un rôle central. et les cellules B jouent un rôle central.

Un concept clé de l'immunothérapie est de surmonter les mécanismes de checkpoint immunitaire. Ces points de contrôle, tels que CTLA-4 et PD-1/PD-L1, régulent l'activité des lymphocytes T et empêchent les réactions immunitaires. et empêchent les réactions immunitaires excessives. Les cellules tumorales utilisent souvent ces mécanismes pour échapper à la reconnaissance immunitaire. Inhibiteurs de points de contrôle, comme les anticorps monoclonaux contre PD-1 ou CTLA-4, bloquent ces voies de signalisation et réactivent la réponse immunitaire contre la tumeur.

Un autre fondement de l'immunothérapie est le développement de thérapies à base de cellules CAR-Tdans lesquelles les cellules T d'un patient sont génétiquement modifiées pour reconnaître des antigènes tumoraux spécifiques et les attaquer de manière ciblée. Ces thérapies cellulaires personnalisées ont connu un succès remarquable, notamment dans le cas des cancers hématologiques.

L'utilisation d'anticorps monoclonaux, qui ciblent spécifiquement les antigènes tumoraux ou stimulent le système immunitaire, constitue un autre pilier de l'immunothérapie.. Ces anticorps se lient de manière sélective aux cellules cancéreuses et les marquent pour qu'elles soient détruites par le système immunitaire.

Les avancées scientifiques en matière d'immunothérapie reposent sur une combinaison de connaissances en immunologiede la biologie moléculaire et de la génétique. Ces disciplines ont permis de mieux comprendre les interactions entre les cellules immunitaires, les tumeurs et le microenvironnement, et de développer sur cette base des approches thérapeutiques qui modifient fondamentalement la médecine.

Fonctionnement de l'immunothérapie

L'immunothérapie utilise le système immunitaire de l'organisme pour traiter des maladies telles que le cancerles infections ou les maladies auto-immunes. en activant, en renforçant ou en modulant de manière ciblée ses mécanismes de défense naturels. Son fonctionnement repose sur la capacité du système immunitaire à faire la différence entre les cellules propres à l'organisme et les cellules étrangères ou anormales, et à les combattre de manière ciblée.

Un mécanisme central est l'activation ou la modulation des cellules Tune composante essentielle de l'immunité adaptative. Les cellules T reconnaissent, via des récepteurs spécifiques, les antigènes présentés à la surface des cellules cibles. Les cellules tumorales ou infectées peuvent toutefois développer des mécanismes pour échapper à la reconnaissance immunitaire en exprimant des molécules immunorégulatrices telles que PD-L1, qui inhibent l'activité des lymphocytes T. Inhibiteurs de points de contrôle, une forme d'immunothérapiebloquent ces signaux inhibiteurs (par ex. par le biais d'anticorps PD-1 ou CTLA-4) et réactivent la réponse des cellules T contre la tumeur.

Une autre approche, la thérapie par cellules CAR-T, consiste à modifier génétiquement les cellules T pour les rendre capables de détecter les tumeurs cancéreuses.Ces dernières peuvent ainsi reconnaître et détruire de manière ciblée des antigènes tumoraux spécifiques. Cette thérapie personnalisée est particulièrement utilisée pour les cancers hématologiques tels que la leucémie.

Les anticorps monoclonaux sont une autre stratégie importante de l'immunothérapie. Ils se lient de manière ciblée aux antigènes à la surface des cellules tumorales, les marquent pour qu'elles soient détruites par les cellules immunitaires ou bloquent les voies de signalisation qui favorisent la croissance tumorale. Certains anticorps peuvent également avoir des effets immunostimulants en activant les cellules immunitaires.

En outre, d'autres immunothérapies utilisent des substances telles que les cytokines (par exemple l'interleukine-2 ou les interférons), qui stimulent la croissance et l'activité des cellules immunitaires. Les vaccins qui préparent le système immunitaire aux antigènes tumoraux ou viraux font également partie de l'immunothérapie..

Globalement, l'immunothérapie fonctionne en renforçant, en détournant ou en réactivant de manière ciblée la réponse immunitaire naturelle afin de lutter contre les cellules pathologiques qui échappaient auparavant à la surveillance immunitaire. La combinaison de ces approches ouvre de nouvelles possibilités pour le traitement de maladies graves et a considérablement élargi l'éventail thérapeutique de la médecine moderne.

Applications en oncologie

Inhibiteurs de points de contrôleLes inhibiteurs de PD-1/PD-L1 sont une forme innovante d'immunothérapie.Ils réactivent le système immunitaire pour lutter plus efficacement contre les cellules tumorales. Ils ciblent les points de contrôle immunitaires, qui agissent comme des freins naturels du système immunitaire pour empêcher les réactions immunitaires excessives et les maladies auto-immunes. empêchent les maladies. Les cellules tumorales utilisent toutefois ces mécanismes pour échapper à la surveillance immunitaire et inhibent l'activité des cellules TLes cellules tumorales sont alors capables d'attaquer les lymphocytes T qui, en temps normal, attaqueraient les cellules tumorales.

La voie PD-1/PD-L1 joue un rôle central dans ce processus. **PD-1 (Programmed Death-1)** est un récepteur situé à la surface des cellules Tqui est activé lorsqu'il se lie à son ligand **PD-L1 (Programmed Death-Ligand 1)** ou PD-L2, qui peuvent être exprimés sur les cellules tumorales ou d'autres cellules immunitaires. L'activation de cette voie de signalisation entraîne l'inhibition de l'activité des cellules T et donc l'atténuation de la réponse immunitaire. Les cellules tumorales qui expriment PD-L1 en forte concentration utilisent ce mécanisme pour "désactiver" les cellules T et échapper à la destruction par le système immunitaire.

Inhibiteurs de points de contrôle sont des anticorps monoclonauxqui bloquent soit PD-1 soit PD-L1 et interrompent ainsi la voie de signalisation inhibitrice. Grâce à ce blocage, la cellule T reste active et peut attaquer les cellules tumorales. Cet effet réactive la réponse immunitaire et permet au système immunitaire d'éliminer les cellules tumorales qui échappaient auparavant à la reconnaissance immunitaire.

L'efficacité clinique des inhibiteurs de PD-1/PD-L1 a conduit à leur utilisation dans le traitement de différents types de cancer, notamment le mélanome, le cancer du poumon non à petites cellules (CPNPC), le carcinome de la vessie et le carcinome des cellules rénales. **Le nivolumab** et **le pembrolizumab** sont des exemples d'inhibiteurs de PD-1 autorisés, tandis que **l'atezolizumab** et **le durvalumab** sont des inhibiteurs de PD-L1 connus.

Inhibiteurs de points de contrôleLes inhibiteurs du PD-1 et du PD-L1, en particulier, sont des immunothérapies révolutionnaires qui visent à réactiver le système immunitaire de l'organisme pour combattre les cellules tumorales. Ils bloquent ce que l'on appelle les points de contrôle immunitaires, que les cellules tumorales utilisent pour échapper à la surveillance immunitaire. Ces points de contrôle régulent normalement l'activité des lymphocytes T. Ils empêchent les cellules cancéreuses de se développer. et empêchent les réactions immunitaires excessives, mais les cellules tumorales les utilisent pour supprimer la réponse immunitaire.

PD-1 (Programmed Death-1) est un récepteur qui est exprimé sur les lymphocytes T activés. est exprimé. Lorsqu'il se lie à son ligand PD-L1 (Programmed Death-Ligand 1), qui peut être présent sur les cellules tumorales ou les cellules immuno-régulatrices dans le microenvironnement tumoral, l'activité des lymphocytes T est inhibée. Cette interaction protège les cellules tumorales de la destruction par le système immunitaire.

Les inhibiteurs de points de contrôle tels que les inhibiteurs de PD-1 (**pembrolizumab, nivolumab**) ou les inhibiteurs de PD-L1 (**atezolizumab, durvalumab**) interrompent cette voie de signalisation en bloquant soit le récepteur PD-1 sur les cellules T soit en bloquant le ligand PD-L1 sur les cellules tumorales. Grâce au blocage, l'activité des cellules T est maintenue et la réponse immunitaire contre les cellules tumorales est réactivée. Les cellules T peuvent alors reconnaître et détruire les cellules tumorales.

Ce mode d'action a permis de traiter le cancer révolutionné, en particulier pour des tumeurs telles que le mélanome, le cancer du poumon non à petites cellules (NSCLC), le carcinome rénal et le cancer de la vessie. L'efficacité dépend souvent de l'expression de PD-L1 sur les cellules tumorales, qui peut être utilisée comme biomarqueur pour la décision thérapeutique.

La thérapie cellulaire CAR-T (Chimeric Antigen Receptor T-Cell Therapy) est une forme d'immunothérapie très innovante.qui utilise des cellules T génétiquement modifiées pour cibler les cellules cancéreuses. Cette approche a connu des succès cliniques remarquables au cours des dernières années, notamment dans le cas de cancers hématologiques tels que la leucémie lymphoïde aiguë (LLA) et certaines formes de lymphome à cellules B. Elle a également été utilisée dans le cadre d'essais cliniques de phase III.

Le traitement repose sur l'activation des cellules T du patient de manière à les doter d'un récepteur antigénique chimérique (CAR). Ce récepteur combine la capacité de liaison à l'antigène d'un anticorps et la capacité d'activation des lymphocytes T. Il s'agit d'un récepteur de type CAR. Le CAR est conçu pour reconnaître des antigènes spécifiques à la surface des cellules tumorales, comme le CD19, un marqueur fréquemment exprimé dans les tumeurs malignes des cellules B. Les cellules T modifiées sont perfusées au patient, où elles attaquent et détruisent les cellules tumorales de manière ciblée.

Les succès cliniques de la thérapie par cellules CAR-T sont impressionnants. Dans le traitement de la LAL chez les enfants et les jeunes adultes qui ne répondent pas aux thérapies traditionnelles, les cellules CAR-T ont montré des taux de rémission de l'ordre de 80%. ont montré des taux de rémission allant jusqu'à 80 %. Des résultats tout aussi remarquables ont été obtenus chez des patients atteints de lymphomes à cellules B récidivants ou réfractaires. Des produits tels que **Tisagenlecleucel** (Kymriah) et **Axicabtagen-Ciloleucel** (Yescarta) ont déjà été approuvés et se sont révélés très efficaces, même chez les patients ayant des options de traitement limitées.

Malgré ces succès, il y a des défis à relever. La production des cellules CAR-T est complexe, longue et coûteuse, car elle doit être adaptée individuellement à chaque patient. De plus, les effets secondaires tels que le syndrome de libération de cytokines (SRC) et les toxicités neurologiques sont fréquents, même s'ils peuvent généralement être traités. Ces complications nécessitent une surveillance étroite et des interventions spécifiques.

La thérapie cellulaire CAR-T a révolutionné le traitement des cancers hématologiques et inspire d'autres recherches visant à étendre son application aux tumeurs solides. Malgré les défis existants, elle montre le potentiel de l'immunothérapie de faire entrer l'immunothérapie dans une nouvelle ère, où des approches personnalisées et ciblées peuvent améliorer considérablement les résultats des traitements.

Utilisation en cas de maladies auto-immunes

L'utilisation de l'immunothérapie dans les maladies auto-immunes a pris une importance considérable ces dernières années, car ces approches peuvent intervenir de manière ciblée dans les mécanismes mal régulés du système immunitaire. Les maladies auto-immunes telles que la polyarthrite rhumatoïde, le lupus érythémateux systémique (LES), la sclérose en plaques (SEP) ou la maladie de Crohn sont dues à une réponse immunitaire hyperactive ou mal dirigée, dans laquelle le système immunitaire attaque les tissus de l'organisme. Les immunothérapies visent à moduler ces processus dérégulés et à rétablir l'équilibre du système immunitaire.

Une approche centrale est l'utilisation d'anticorps monoclonaux qui bloquent de manière ciblée les voies de signalisation ou les molécules responsables de la réaction immunitaire excessive. On peut citer par exemple **les inhibiteurs du TNF alpha** comme l'infliximab ou l'adalimumab, qui inhibent l'activité du facteur de nécrose tumorale alpha (TNF-α), un médiateur clé de l'inflammation, dans le cas de maladies inflammatoires comme la polyarthrite rhumatoïde et la maladie de Crohn. De même, **les inhibiteurs de l'IL-6** (par ex. tocilizumab) bloquent les voies de signalisation inflammatoires qui, dans les maladies auto-immunes, sont sont suractives.

Inhibiteurs de points de contrôleDéveloppés à l'origine pour l'immunothérapie du cancer, ils font également l'objet de recherches visant à moduler l'activité de certaines cellules immunitaires dans les maladies auto-immunes. de moduler la réponse immunitaire. Ils peuvent contribuer à rétablir l'auto-tolérance du système immunitaire en stimulant les lymphocytes T régulateurs. en renforçant ou en atténuant les réactions immunitaires excessives.

Une autre approche innovante est la **déplétion des cellules B**, qui consiste à éliminer les cellules B qui produisent des anticorps contre les tissus sains. Les cellules cancéreuses sont éliminées de manière ciblée. Le rituximab, un anticorps dirigé contre le CD20, est utilisé avec succès dans le traitement du LED et de la polyarthrite rhumatoïde.

Les stratégies futures comprennent des thérapies cellulaires dans lesquelles les cellules T régulatrices sont (Tregs) sont modifiées et multipliées ex vivo afin de supprimer de manière ciblée l'auto-immunité dans l'organisme. Ces approches personnalisées pourraient permettre des rémissions à long terme et réduire les effets secondaires des thérapies conventionnelles.

L'immunothérapie dans les maladies auto-immunes a révolutionné le paysage thérapeutique en offrant des alternatives plus spécifiques, plus efficaces et souvent mieux tolérées que les immunosuppresseurs traditionnels. En combinant les thérapies ciblées et les approches personnalisées, on s'attend à ce que ces thérapies soient plus largement utilisées à l'avenir et améliorent considérablement la qualité de vie des patients.

Traitement des infections chroniques

Le traitement des infections chroniques représente un défi particulier, car les agents pathogènes tels que les virus, les bactéries ou les parasites échappent souvent aux mécanismes de défense du système immunitaire et au traitement médicamenteux. Les infections chroniques comme le VIH, l'hépatite B (VHB), l'hépatite C (VHC), la tuberculose et les virus de l'herpès peuvent persister en formant des réservoirs latents qui empêchent une éradication complète. Les progrès de l'immunothérapie et la recherche médicamenteuse offrent toutefois des approches innovantes pour lutter plus efficacement contre ces infections.

L'une des stratégies centrales consiste à renforcer la réponse immunitaire afin de permettre au corps de mieux contrôler ou éliminer l'agent pathogène. Des approches immunothérapeutiques comme **les inhibiteurs de points de contrôle** font l'objet de recherches pour stimuler la réponse des cellules T contre les infections virales chroniques comme le VIH et le VHB. Ces mécanismes sont intéressants, car les infections chroniques provoquent souvent un épuisement immunitaire (exhaussement des cellules T), qui affecte la capacité du système immunitaire à combattre l'agent pathogène.

Une autre approche innovante est la **vaccination thérapeutique**, dans laquelle des vaccins spécifiques renforcent la réponse immunitaire contre des agents pathogènes persistants. Contrairement aux vaccins prophylactiques, les vaccins thérapeutiques visent à aider les personnes déjà infectées en stimulant le système immunitaire pour qu'il contrôle ou réduise les réservoirs de virus. Cette stratégie est particulièrement étudiée pour le VIH et le VHB fait l'objet de recherches intensives.

Les médicaments antiviraux, tels que les antiviraux à action directe (AAD), ont joué un rôle important dans le traitement des infections chroniques. comme l'hépatite C ont permis d'énormes progrès. Les DAA ciblent des protéines virales spécifiques essentielles à la réplication du virus et ont permis d'atteindre des taux de guérison supérieurs à 95 %. Les thérapies combinées contre le VIH ont connu un succès similaire.Elles consistent en des médicaments antirétroviraux qui bloquent différentes étapes du cycle de vie viral. Ces traitements sont très efficaces, mais nécessitent une prise à vie, car ils ne font que supprimer la charge virale, sans éliminer les réservoirs.

Pour les infections bactériennes chroniques comme la tuberculose Des recherches intensives sont menées sur des immunomodulateurs qui activent le système immunitaire tout en permettant de vaincre la résistance aux antibiotiques. peuvent être surmontés. De même, de nouveaux vaccins sont en cours de développement, qui pourraient non seulement prévenir l'infection, mais aussi avoir un effet thérapeutique.

Les approches futures comprennent la combinaison d'immunothérapies et de thérapies géniques.pour traiter des infections latentes comme le VIH de manière ciblée. Des technologies telles que CRISPR-Cas9 font l'objet de recherches pour pouvoir supprimer des génomes viraux directement à partir de cellules infectées, ce qui pourrait potentiellement permettre une guérison.

Le traitement des infections chroniques bénéficie d'un lien croissant entre l'immunologiede la biologie moléculaire et des méthodes thérapeutiques modernes. Alors que la guérison complète de nombreuses infections chroniques reste encore un défi, les progrès de l'immunothérapie promettent et le développement de médicaments ciblés apportent des améliorations considérables pour les patients.

4. comparaison et synthèse des progrès

Points communs

Les différentes approches des immunothérapies modernes et des thérapies géniques - telles que les thérapies cellulaires CAR-T, les inhibiteurs de points de contrôle et les vaccins thérapeutiques - contribuent toutes au développement de la médecine personnalisée. Elles reposent sur une compréhension approfondie des caractéristiques biologiques individuelles, qu'il s'agisse du patrimoine génétique du patient, des caractéristiques spécifiques des tumeurs ou des mécanismes moléculaires d'une maladie. Ces thérapies permettent d'élaborer des stratégies de traitement sur mesure, ciblées sur les besoins individuels d'un patient. Grâce à l'intégration de la génomique, la protéomique et l'immunologie elles s'adressent aux causes spécifiques des maladies et améliorent la précision et l'efficacité du traitement.

Différences

En termes de **mise en œuvre clinique et d'accessibilité, les** ces approches diffèrent en revanche considérablement. Inhibiteurs de points de contrôle tels que les inhibiteurs de PD-1/PD-L1 sont des médicaments standardisés qui peuvent être administrés relativement facilement et sont disponibles dans de nombreux environnements cliniques. Les thérapies à base de cellules CAR-T en revanche, nécessitent des centres de traitement spécialisés et une adaptation individuelle pour chaque patient. Les vaccins thérapeutiques se situent entre ces extrêmes et sont souvent adaptés à des populations cibles spécifiques.

Les **coûts et les exigences en matière d'infrastructure** varient également considérablement. Les inhibiteurs de points de contrôle sont comparativement moins chers et plus facilement modulables en raison d'une production standardisée. Les thérapies cellulaires CAR-T en revanche, sont très coûteuses, car elles sont produites spécifiquement pour chaque patient et nécessitent des processus complexes tels que le prélèvement de cellules, la modification et la réinjection. Les vaccins thérapeutiques peuvent également entraîner des coûts importants en fonction du mode de production et du groupe cible, mais ils sont souvent plus faciles à mettre en œuvre.

Évaluation de la pertinence

La pertinence de ces approches est indiscutable, car elles ouvrent de nouvelles possibilités pour le traitement de maladies difficiles à traiter. Les thérapies cellulaires CAR-T sont particulièrement révolutionnaires dans le domaine des cancers hématologiques, tandis que les inhibiteurs de points de contrôle ont obtenu des résultats impressionnants dans les tumeurs solides et les maladies métastatiques. Les vaccins thérapeutiques pourraient être utilisés à la fois à titre préventif et curatif dans de larges groupes de patients. Le choix de la meilleure option dépend toutefois de la maladie spécifique, de la disponibilité et des besoins individuels du patient.

Fabrication, logistique et évolutivité

La production de thérapies modernes telles que les cellules CAR-T est un processus complexe. est en effet un processus exigeant et complexe qui présente de nombreux défis. Ces thérapies spécifiques aux patients exigent un haut niveau de précision et d'adaptation, car les cellules de chaque patient

doivent être modifiées génétiquement ex vivo, puis réintro-
duites. La production en flux tendu qui en découle, où chaque
traitement est fabriqué individuellement, représente des exigences logistiques considérables.

Le processus de fabrication commence par le prélèvement de
cellules T du patient par leucaphérèse. Ces cellules sont génétiquement modifiées dans des laboratoires spécialisés, dans
des conditions stériles, afin qu'elles expriment un récepteur
antigénique chimérique (CAR) qui reconnaît les cellules tumorales de manière ciblée. Les cellules sont ensuite expansées,
soumises à un contrôle de qualité et préparées pour être ren-
dues au patient. Chacune de ces étapes est techniquement exi-
geante et doit se dérouler dans des conditions strictement con-
trôlées afin de garantir la sécurité et l'efficacité du traitement.

La nature spécifique au patient de la thérapie par cellules
CAR-T entraîne des difficultés logistiques considérables.
Comme les cellules ne peuvent être utilisées que par le patient
concerné, le prélèvement, la modification et la réinjection doivent être étroitement coordonnés afin d'éviter tout retard ou
toute contamination. L'ensemble du processus est critique en
termes de temps, car les cellules doivent être transportées et
traitées dans un laps de temps très court. Cela est particulièrement difficile en cas de distribution mondiale, car les cellules doivent souvent être transportées sur de longues dis-
tances, par exemple d'un centre de prélèvement dans un pays
à un laboratoire spécialisé dans un autre.

La production de cellules CAR-T n'a actuellement qu'une évolutivité limitée, car elle est hautement personnalisée et exige
une main-d'œuvre importante. La disponibilité de sites de
production spécialisés et de personnel qualifié est loin d'être
suffisante pour répondre à la demande croissante. Cela entraîne non seulement des délais d'attente plus longs pour les

patients, mais augmente aussi considérablement les coûts. Le développement de processus de production automatisés et standardisés pourrait remédier à cette situation, mais il est encore en cours de développement.

Les cellules CAR-T sont extrêmement sensibles aux influences extérieures telles que la température et le temps. Elles doivent être transportées dans des environnements cryogéniques ou contrôlés afin de préserver leur viabilité et leur fonctionnalité. La moindre erreur dans le stockage ou la logistique peut rendre la thérapie inefficace. L'infrastructure nécessaire à ces transports spécialisés est coûteuse et sa disponibilité est limitée dans de nombreuses régions.

Pour relever ces défis, les instituts de recherche et les entreprises travaillent sur différentes approches. Des procédés de fabrication automatisés pourraient simplifier et accélérer la production, tandis que des progrès dans les technologies de stockage et de transport des cellules pourraient contribuer à améliorer la robustesse des cellules. Des modèles de production décentralisés, dans lesquels les centres de traitement des cellules sont plus proches des patients, pourraient simplifier la logistique et réduire les temps de transport.

Aspects éthiques

Les défis éthiques sont multiples et comprennent l'accessibilité, l'équité et les éventuels effets à long terme des thérapies. Des coûts élevés peuvent limiter la disponibilité et accroître les inégalités en matière de santé, car seuls les pays ou les groupes de population les plus riches pourraient avoir accès à ces thérapies innovantes. La modification génétique des cellules, en particulier dans la lignée germinale, soulève des questions quant aux éventuelles conséquences indésirables pour les générations futures. De plus, en se concentrant sur des thérapies coûteuses et hautement spécialisées, il existe un risque que moins de ressources soient allouées à des approches plus largement applicables. La protection des données est également une question centrale, car nombre de ces thérapies nécessitent de nombreuses données génétiques et médicales qui doivent être protégées contre les abus.

6. implications sociales

Impact social des nouvelles thérapies

L'introduction de thérapies modernes telles que les cellules CAR-T, les inhibiteurs de points de contrôle et les thérapies géniques a de vastes répercussions sociales. Elles offrent des possibilités révolutionnaires de traitement de maladies graves, mais soulèvent des questions fondamentales en matière d'accessibilité, l'équité, la protection des données et la responsabilité des acteurs impliqués.

Accessibilité et l'équité

La répartition inégale des thérapies modernes est l'un des problèmes les plus urgents. Ces approches innovantes sont souvent associées à des coûts extrêmement élevés, ce qui limite leur accès aux régions et aux classes sociales les plus aisées. Les pays aux ressources limitées ne disposent souvent pas de l'infrastructure, du personnel qualifié ou du financement nécessaires pour proposer de tels traitements. Même dans les pays prospères, l'accès reste souvent limité aux patients couverts par des assurances privées ou des programmes spéciaux.

Cette inégalité renforce les disparités dans les soins de santé mondiaux et soulève des questions éthiques : qui décide de l'accès à ces thérapies qui sauvent des vies et comment les distribuer équitablement ? Des modèles tels que les modèles de prix subventionnés, les partenariats internationaux ou les programmes à but non lucratif pourraient contribuer à promouvoir l'équité, mais ils ne sont pas encore suffisamment établis.

L'introduction de nouvelles technologies nécessite en outre des investissements considérables dans l'infrastructure, la recherche et le développement. Les régions disposant de technologies médicales avancées en profitent directement, tandis que les pays en développement en sont souvent exclus. Au sein d'un même pays, les différences sociales et économiques peuvent également influencer considérablement l'accès. Les patients des zones rurales ont souvent moins accès aux centres de traitement spécialisés nécessaires à la mise en œuvre des thérapies modernes.

La distribution mondiale de telles technologies nécessite donc une coopération internationale. Des stratégies telles que le transfert de technologie, la formation des professionnels et l'investissement dans les capacités de production locales pourraient aider à combler le fossé entre les différentes régions. Parallèlement, il faut développer des modèles de prix qui rendent les thérapies abordables pour les pays à faible revenu.

Protection des données et vie privée

Les thérapies modernes sont souvent basées sur l'analyse de données génétiques et médicales sensibles. Cela pose d'importants problèmes de protection des données. Le stockage, le traitement et l'utilisation de ces données comportent des risques tels que l'accès non autorisé, les fuites de données ou les abus, par exemple par les assurances ou les employeurs. Le risque d'utilisation abusive d'informations sensibles est particulièrement élevé dans les pays où les lois sur la protection des données sont faibles.

Responsabilité et régulation

La responsabilité du développement, de la distribution et de l'utilisation sûre des thérapies modernes incombe à un grand nombre d'acteurs, dont les instituts de recherche, les entreprises, les gouvernements et les organisations internationales. Les instituts de recherche et l'industrie ont la responsabilité de rendre les technologies sûres, efficaces et abordables. Dans le même temps, ils doivent agir de manière transparente et s'engager à respecter des normes éthiques.

Les gouvernements jouent un rôle clé dans la réglementation de ces thérapies afin de garantir leur sécurité et leur efficacité. Ils doivent également veiller à ce que les thérapies soient distribuées et accessibles de manière équitable. Des subventions, des allègements fiscaux et des programmes financés par l'État pourraient contribuer à rendre ces thérapies plus largement disponibles.

Les organisations internationales telles que l'OMS sont essentielles pour établir des normes mondiales en matière de sécurité, d'éthique et de justice. fixer des normes en matière de santé et d'équité. Elles peuvent également jouer le rôle de médiateur entre les pays riches et les pays à faible revenu afin d'améliorer l'accès aux thérapies qui sauvent des vies. Elles devraient en outre mettre en place des mécanismes facilitant le transfert de technologies et soutenir les pays aux ressources limitées.

7. perspective

L'avenir de la médecine sera de plus en plus déterminé par les synergies entre la génomique et l'IA., l'intelligence artificielle (IA)) et l'immunothérapie seront marquées par l'informatique. Ces disciplines se complètent mutuellement et ont le potentiel d'améliorer le diagnostic et le traitement des maladies., la prévention et la thérapie à un tout nouveau niveau. Alors que la génomique permet de comprendre en profondeur les bases génétiques de la santé et de la maladie, l'IA utilise ces données pour identifier des modèles, faire des prédictions et optimiser les stratégies de traitement. Les immunothérapies complètent ce spectre en créant des approches thérapeutiques ciblées qui activent ou modifient les mécanismes de défense naturels de l'organisme.

Synergies entre la génomique, IA et immunothérapie

L'intégration de ces technologies offre d'immenses possibilités. Les analyses génomiques identifient des variations ou des mutations génétiques spécifiques qui peuvent servir de cibles pour les immunothérapies, tandis que l'IA-les algorithmes accélèrent l'analyse de ces données et identifient des modèles qui sont essentiels pour la planification des traitements. L'IA peut également soutenir le développement de nouvelles immunothérapies en analysant de grandes quantités de données provenant d'essais cliniques, de la recherche moléculaire et de données réelles de patients. En combinant l'IA et la génomique, il est possible d'identifier de nouvelles cibles thérapeutiques. permet d'identifier des cibles potentielles pour les thérapies cellulaires CAR-T ou des inhibiteurs de points de contrôle identifier plus rapidement et plus précisément, ce qui permet de réduire le temps nécessaire à l'application clinique.

Lacunes dans la recherche

Malgré des progrès impressionnants, il reste encore de nombreuses questions et champs de recherche ouverts. L'un des principaux défis consiste à améliorer l'efficacité des immunothérapies dans les tumeurs solides, car celles-ci répondent souvent moins bien que les cancers hématologiques. L'interaction complexe entre les tumeurs, la réponse immunitaire et le microenvironnement n'est pas encore totalement comprise. En outre, les effets à long terme des immunothérapies et des thérapies géniques restent, notamment en cas de modification de la lignée germinalene sont pas clairs.

Un autre domaine de recherche est l'intégration et la standardisation de données provenant de différentes sources, telles que la génomique et l'épigénétique.l'épigénétique et la protéomiqueafin de créer des modèles plus complets pour la médecine de précision. Il manque également des études à grande échelle pour évaluer l'efficacité et la sécurité de nouvelles approches dans des groupes de population diversifiés afin d'éviter les inégalités en matière de santé. De plus, il n'existe pas encore de méthodes établies permettant de réduire les coûts tout en garantissant la qualité des traitements.

Identification d'autres champs d'application

Ces technologies ont le potentiel d'aller au-delà de leurs domaines d'application actuels. Dans le domaine de l'infectiologie les vaccins et immunothérapies personnalisés pourraient permettre de lutter contre des infections chroniques ou émergentes, comme le VIH ou la tuberculose résistanterévolutionneront le traitement. Dans le domaine de l'auto-immunité, il est possible de modifier les lymphocytes T régulateurs. de modifier de manière ciblée les réactions immunitaires mal orientées. Dans la médecine préventive également, les approches génomiques et IA pourraient-Les approches basées sur l'IA pourraient aider à identifier les risques de maladie à un stade précoce et à adapter les mesures préventives de manière individuelle.

Implications pour la pratique médicale

L'intégration de la génomique, L'IA et l'immunothérapie va modifier fondamentalement la pratique médicale. Les médecins devront de plus en plus utiliser des technologies complexes et être en mesure d'interpréter les résultats des analyses basées sur l'IA et les tests génomiques. Cela nécessite une formation continue et une collaboration interdisciplinaire entre les médecins, les bioinformaticiens et les ingénieurs.

Les patients pourraient jouer un rôle de plus en plus actif dans leurs soins de santé en accédant à des informations personnalisées sur les risques génétiques et les options de traitement. Cela changera la manière dont les patients interagissent avec les médecins et prennent des décisions. Parallèlement, les soins médicaux sont de plus en plus axés sur les données, les dossiers médicaux électroniques, les bases de données génomiques et l'IA devenant des éléments clés des systèmes de santé.-Les systèmes basés sur l'intelligence artificielle seront des éléments clés de la prise de décision clinique.

Les changements à long terme dans le secteur de la santé grâce aux nouvelles technologies

Les changements à long terme apportés par ces technologies au secteur de la santé sont considérables. Le secteur de la santé va passer d'un traitement réactif des maladies à des soins préventifs, centrés sur le patient et basés sur les données. Le diagnostic génomique et l'IA-diagnostics assistés par ordinateur permettra de détecter les maladies plus tôt, avant l'apparition des symptômes, et d'adapter les mesures préventives de manière individuelle. Les thérapies seront de plus en plus personnalisées, ce qui augmentera leur efficacité et minimisera les effets secondaires.

Parallèlement, les structures de coûts des soins de santé sont redéfinies. Bien que les investissements initiaux dans ces technologies soient élevés, des économies à long terme pourraient être réalisées grâce à des diagnostics plus précis, des thérapies ciblées et la réduction des traitements inefficaces. Néanmoins, des défis subsistent en termes d'accessibilité et d'équité persistent et doivent être abordés par des mesures politiques, une coopération internationale et des innovations technologiques.

8. conclusion

Cette présentation des grandes avancées médicales de ces dernières années démontre de manière impressionnante la profondeur et la diversité des réalisations de la médecine moderne au cours de cette période. Elles témoignent non seulement de l'énorme force d'innovation et de la créativité de la recherche, mais aussi de la capacité à transposer efficacement les connaissances théoriques dans la pratique clinique afin d'améliorer de manière significative la vie des patients dans le monde entier.

L'un des aspects centraux des développements récents est l'individualisation croissante des approches médicales. Les progrès de la médecine personnalisée, notamment en oncologie, permettent d'adapter les traitements aux spécificités génétiques et moléculaires de chaque patient. Cela a non seulement permis d'augmenter les taux de survie aux cancers, mais aussi de réduire considérablement les effets secondaires et le stress des patients. Parallèlement, des technologies comme CRISPR-Cas ont révolutionné la thérapie génique en permettant des interventions précises sur le patrimoine génétique. Elles offrent ainsi de nouvelles perspectives pour la guérison de maladies génétiques jusqu'ici incurables.

La numérisation du secteur de la santé et l'intégration de l'intelligence artificielle constituent une nouvelle étape. Les algorithmes basés sur l'IA permettent d'analyser d'énormes quantités de données afin d'identifier des modèles complexes difficilement accessibles aux humains. Cela a considérablement amélioré la précision des diagnostics, notamment en radiologie et en pathologie, tout en offrant aux médecins une aide précieuse pour la prise de décision en matière de planification thérapeutique. La numérisation a également amélioré la télémédecine et la gestion des données des patients, ce qui permet de fournir des soins plus efficaces, en particulier dans les régions éloignées ou mal desservies.

Les progrès des techniques chirurgicales, notamment le développement des procédures mini-invasives, méritent également une reconnaissance particulière. Ces techniques réduisent considérablement le stress des patients, permettent des séjours hospitaliers plus courts et diminuent les complications postopératoires. Associées aux innovations dans le domaine de la transplantation d'organes, comme la perfusion mécanique pour la conservation des organes des donneurs, ces évolutions ont porté les possibilités de traitement en chirurgie et en médecine de transplantation à un nouveau niveau.

Il convient également de souligner les succès révolutionnaires obtenus dans le développement de vaccins, notamment dans le contexte de la pandémie COVID-19. Le développement rapide et la disponibilité de vaccins à ARNm illustrent à quel point la recherche biomédicale moderne est performante lorsque la science, la technologie et la coopération internationale s'imbriquent sans faille. Ces succès montrent de manière impressionnante à quel point la promotion et le financement de la recherche médicale sont essentiels pour faire face aux crises sanitaires mondiales.

10e indice

Adénine 35

Maladie d'Alzheimer 20, 32, 49

Amniocentèse 42

Troubles anxieux 62

Antibiotiques 11, 21

Résistance aux antibiotiques 89

Anticorps 78, 80, 87

Maladies auto-immunes 77, 79, 81, 86, 87

Biotechnologie 18, 22, 24

Cancer du sein 39, 47, 64

Thérapies cellulaires CAR-T 77, 78, 91, 92, 102

Inhibiteurs de points de contrôle 77, 78, 80, 81, 82, 83, 87, 88, 91, 92, 97, 102

Chimiothérapies 12, 47

d'infections chroniques 88, 89, 90

Clopidogrel 48

COVID-19 15, 36, 41, 58, 61, 64

CRISPR-Cas9 13, 23, 25, 30, 31, 32, 33, 44, 50, 52, 90

Cytosine 35

Protection des données 30, 53, 57, 62, 73, 75, 95, 97, 99

Dépression 62

Diabète 12, 15, 26, 32, 49, 60, 67

Diagnostic 11, 12, 20, 23, 26, 35, 36, 38, 42, 43, 45, 55, 57, 59, 63, 64, 68, 69, 101, 104

ADN 12, 25, 30, 34, 35, 36, 37, 41, 45, 47, 51, 53

Éthique 10, 24, 100

Exome 34, 42

Séquençage de l'exome 39, 43

Génome 23, 28, 34, 35, 42, 90

Édition du génome 23

Édition du génome 13

Recherche en génomique 8, 13, 22, 25, 27, 28, 30, 35, 38, 39, 40, 41, 42, 43, 44, 45, 46, 50, 58

Génomique 18, 25, 26, 27, 29, 37, 39, 60, 91, 101, 102, 103

Thérapies géniques 27, 40, 43, 46, 90, 91, 97, 102

Données de santé 55, 59

Politique de santé 11

Guanine 35

Hépatite 88, 89

Virus de l'herpès 88

Maladies cardio-vasculaires 12, 15, 19, 26, 39, 49, 58, 59, 60, 67
VIH 15, 88, 89, 90, 103
Séquençage à haut débit 25, 34, 38, 42, 47
Technologies de séquençage à haut débit 29
Projet génome humain 13, 28, 29, 30
Immunologie 79, 90, 91
Immunothérapie 8, 13, 23, 77, 78, 79, 80, 81, 84, 85, 86, 87, 88, 90, 101, 103
Infectiologie 40, 103
Maladies infectieuses 11, 15, 19
Soins intensifs 67
Ivacaftor 44, 49
Modification de la lignée germinale 51, 102
KI 9, 13, 20, 22, 23, 55, 56, 57, 58, 59, 60, 61, 62, 63, 64, 65, 66, 67, 68, 69, 70, 71, 72, 73, 74, 75, 101, 103, 104
Changement climatique 16
Cancer 13, 15, 19, 20, 25, 26, 27, 32, 64, 69, 77, 79, 84
Médecine du cancer 39
Thérapie anticancéreuse 31, 47
intelligence artificielle 9, 18, 22
Luxturna 40, 44

Paludisme 15
Mammographie 64, 69
imagerie médicale 63, 64
Biologie moléculaire 12, 79, 90
anticorps monoclonaux 77, 78, 82
Fibrose kystique 44, 48
Mutation 27
Durabilité 10, 17
maladies neurodégénératives 15
NGS 34, 35, 36, 37, 42, 47
Oncologie 9, 27, 29, 36, 55, 58, 60, 63, 66, 81
Maladie de Parkinson 21
médecine personnalisée 13, 15, 28, 35, 46, 47, 48, 49, 50, 59
Pharmacogénomique 27, 37, 40, 48, 60, 66
diagnostics prénataux 45
Prévention 9, 11, 16, 30, 38, 46, 59, 101
Protéomique 91, 102
Réhabilitation 67
Résistance 21
Dépistage 16, 39, 69
Drépanocytose 31, 40, 44, 48, 51
Thymine 35
Transcriptomes 34
Médecine de la transplantation 41
Trisomie 21 42, 45
Tuberculose 15, 88, 89, 103

Génomes tumoraux 39
Cellules T 78, 79, 80, 81, 82, 83, 84, 85, 87, 93, 94, 97, 103
Facteurs environnementaux 29, 50

Responsabilité 72, 73, 74, 97, 99
Virologie 16
Accessibilité 10, 23, 56, 57, 91, 95, 97, 105
Cytokines 80